Der große
Kosmos
Himmelsatlas

Axel Mellinger · Susanne M. Hoffmann

Der große Kosmos
Himmelsatlas

KOSMOS

Vorwort

Der Versuch einer Dokumentation des gestirnten Himmels ist schon sehr alt. Im antiken Babylon fand er zunächst in Zahlentafeln Ausdruck, die den Lauf der Planeten festhielten. Die Griechen und Römer schließlich begannen, den Himmel auch zu zeichnen. Mit den im 17. Jahrhundert aufkommenden Teleskopen wurde jedoch bald der Wunsch geweckt, auch die schwachen Sterne und Himmelsobjekte zu kartieren, wozu fleißige Astronomen jahrelang die Gestirne beobachteten. Schon bald taten erste Liebhaberastronomen es ihnen gleich – wie zum Beispiel der später als Uranus-Entdecker berühmt gewordene William Herschel. Systematisch durchmusterte er den Himmel, während seine Schwester Caroline alle Beobachtungen sorgfältig aufzeichnete. Eine ähnliche Wirkung wie die Erfindung des Fernrohrs hatte die im 19. Jahrhundert aufkommende Astrofotografie. Sie führte abermals zu einer Erweiterung des Horizonts der Astronomie und erneut mussten die Sternkarten gründlich überarbeitet werden. Bald jedoch wurde auch diese Methode in der Amateurastronomie populär und himmlische Fotografien eroberten die Herzen der Liebhaber.

In den letzten Jahren erfuhr die Astrofotografie einen tiefgreifenden Wandel. Die traditionelle Dunkelkammerarbeit wurde weitgehend durch digitale Bildverarbeitung am Computer ersetzt. Mit zunehmender Leistungsfähigkeit der Rechner kann nun die im Rohbild enthaltene Information optimal zur Geltung gebracht werden. Über E-Mail und Webseiten ist es darüber hinaus ein Leichtes, die fertigen Bilder einem großen Kreis von Interessenten und Gleichgesinnten zugänglich zu machen, deren konstruktive Kritik zu weiteren Verbesserungen anspornt.

Eines lässt sich jedoch trotz der aufwendigen digitalen Verarbeitung nur erahnen: die Faszination einer sternklaren Nacht fernab von Großstadtlichtern. Der Ehrfurcht gebietende Eindruck des die Erde umhüllenden, samtschwarzen Himmels mit abertausenden funkelnder Sterne war vermutlich die ursprüngliche Quelle der Astro-nomie. Schon vor Jahrtausenden und bis heute bietet die Beschäftigung mit den Gestirnen den Menschen eine Art Daseinsorientierung. Wie auch antike Philosophen, empfinden die meisten modernen Naturwissenschaftler wohl das, was Johannes Kepler (1571–1630) so treffend in Worte kleidete:

> „... Sind doch die Naturerscheinungen deshalb so mannigfaltig und die am Himmel verborgenen Schätze so reich, damit es dem menschlichen Geiste nie an frischer Nahrung mangele."

Wenngleich das erhebende Gefühl für die Gestirne bei aller Forschung daran manchmal ein wenig auf der Strecke bleibt, so ist dies doch eine dem Menschen naturgemäß innewohnende Eigenschaft. Vielleicht ist auch deshalb die Amateurastronomie eine so erbauliche Freizeitbeschäftigung.

An dieser Stelle danken die Autoren dem Verein der Tri-Valley Stargazers aus Livermore, CA (USA), mit deren Unterstützung die ersten Bilder für das Himmelspanorama in der kalifornischen Sierra Nevada entstanden. Debbie Dykes großzügige Leihgabe ihrer Teleskop-Ausrüstung ermöglichte die Anfertigung einer zweiten Serie von Aufnahmen in der gleichen Gegend. Auch Conrad Jung vom Chabot Space & Science Center in Oakland, CA (USA) war mit seiner langjährigen Astrofotografie-Erfahrung eine wertvolle Hilfe. Schließlich danken wir den Mitgliedern des Cederberg Observatory in Südafrika für die herzliche Gastfreundschaft, ohne die die Aufnahmen des Südhimmels nicht in dieser Form entstanden wären.

Potsdam, im Januar 2002

Axel Mellinger
Susanne M. Hoffmann

Inhalt

Die wichtigsten Sternbilder auf der Karte

Sternkarte des Nord- bzw. Südhimmels zur Übersicht

Beschriftung zur Identifizierung von Sternbildern und Objekten

Sichtbarkeitszeitraum

Objektsymbole

⚊ Einzelstern
◌ Sternhaufen
⊕ Kugelsternhaufen
▢ Gasnebel
⬚ Dunkelnebel
⬭ Galaxie
⬠ Planetarischer Nebel

Bemerkenswerte Himmelsobjekte auf diesem Kartenblatt

Ausführliche Beschreibung der Sterne und Sternbilder

30 fotografische Atlas-Seiten des gesamten Himmels

Sterne und Sternbilder

„Weißt du, wie viel Sternlein stehen an dem großen Himmelszelt?" ist vermutlich eine der meistgestellten Fragen zur Himmelskunde. Moderne Astronomen würden dann mit riesigen Zahlen (Millionen und Milliarden) antworten. Mit dem bloßen Auge erkennt man am ganzen Himmel jedoch „nur" etwa 6000 Sterne.

Durch die Presse gehen heutzutage Meldungen von neu entdeckten Planeten um andere Sterne – doch das bloße Auge erkennt nicht einmal alle großen Planeten unseres eigenen Sonnensystems. Klassisch sind sie bis zum Ringplaneten Saturn bekannt. Der ihm folgende Uranus kann zwar fast noch mit bloßem Auge gesehen werden, ist aber so unauffällig, dass er erst 1781 entdeckt wurde. Die noch weiter entfernten Planeten Neptun und Pluto kann man ohne Teleskop sogar überhaupt nicht mehr sehen.

Viele Sterne am Firmament hat man schon vor langer Zeit zu Sternbildern gruppiert – zwölf von ihnen (die Tierkreissternbilder) werden den meisten Lesern prompt einfallen, vielleicht dann noch zwei oder drei weitere. Neben den bekannten „Leitsternbildern" des Himmels gibt es aber auch solche, die teilweise nur aus sehr schwachen Sternen bestehen. Deren Unscheinbarkeit erklärt auch die Popularität bekannter Sternbilder wie etwa der Großen Bärin, dem Kreuz des Südens oder dem Orion. Diese drei sind am Himmel allerdings an völlig verschiedenen Orten und zu völlig verschiedenen Zeiten sichtbar: Das berühmte Kreuz des Südens ist von Mitteleuropa aus niemals zu sehen, da es in der Umgebung des Himmelssüdpols steht. Die Große Bärin (deren sieben hellste Sterne das „Sternbild" Großer Wagen bilden) dagegen

umkreist den Himmelsnordpol und steht hierzulande ständig über dem Horizont. Der Himmelsjäger Orion liegt nun seinerseits auf dem Himmelsäquator (die Gürtelsterne markieren diese Linie recht eindrucksvoll). Daher ist der Orion überall auf der Erde zumindest teilweise sichtbar – aber nur zu einer bestimmten Jahreszeit, nämlich an unserem Winterhimmel.

Da sich die Erde innerhalb eines Jahres um die Sonne bewegt, sehen wir unser Zentralgestirn in diesem Zeitraum einmal scheinbar um den Himmel laufen. Die Sonnenbahn, auch Ekliptik genannt, führt durch bestimmte Sternbilder. Weil sich auch die Planeten und der Mond immer in unmittelbarer Nähe dieser Linie am Himmel aufhalten, befand man die Region schon von Alters her für besonders wichtig. Die dortigen Sternbilder bilden den berühmten Tierkreis (Zodiakus). Tatsächlich gibt es aber nicht nur diese berühmten zwölf Sternbilder. Vielmehr wurde der Himmel in 88 Sternbilder unterteilt, zu denen zum Beispiel auch die Große Bärin oder Kassiopeia gehören; durch sie wandert die Sonne jedoch nie (s. Abb. links unten). Außerdem beschränkt sich heute auch die Zahl der Sternbilder entlang der Ekliptik nicht auf die klassischen zwölf Tierkreissternbilder, da die Sonne vom Skorpion in den Schlangenträger (Ophiuchus) tritt und im Frühjahr sogar ein Stück vom Walfisch (Cetus) schneidet. Die uns bekannten „Sternzeichen" sind also nur fiktive Himmelsabschnitte längs der Sonnenbahn.

Wegweiser unter den Gestirnen

Die funkelnden Sterne am Himmel bieten oft einen sehr ästhetischen Anblick und gruppieren sich ganz unwillkürlich zu Bildern, die sich auch unabhängig von den festgelegten Sternbildern zur

Orientierung nutzen lassen. So ist der bekannte Große Wagen eigentlich kein Sternbild, sondern nur ein Teil des umfassenderen Sternbildes Große Bärin. Das „Wintersechseck" wird sogar aus Sternen gebildet, die alle zu verschiedenen Sternbildern gehören: Sirius im Großen Hund, Rigel im Orion, Aldebaran im Stier, Kapella im Fuhrmann, Pollux in den Zwillingen und Procyon im Kleinen Hund (s. Abb. rechts oben auf S. 7).

Entfernungen am Himmel werden nicht in Kilometern, sondern als Winkel in der Einheit Grad (°) gemessen. Zur besseren Veranschaulichung dieser ungewohnten Maße – sozusagen als groben Winkelmesser – kann man seine eigene Hand benutzen: Am ausgestreckten Arm sieht man die Faust etwa 8° groß, die gespreizten Finger 20° weit gefächert oder den Daumen 2° breit.

Namen am Himmel

Die Bezeichnungen der Sternbilder, wie wir sie heute noch verwenden, wurden uns aus der Antike überliefert. Das griechische Wort *cosmos* hat nicht nur die Bedeutung Weltall, sondern ist ursprünglich sowohl mit Schönheit oder Schmuck als auch mit Ordnung übersetzbar. Die griechische Philosophie lehrt, dass Schönheit und Ordnung gleichwertig sind. Allem Schönen sollte demnach von Natur aus eine Ordnung innewohnen. Da aber der gestirnte Himmel keinesfalls eine „gottgegebene" Ordnung erkennen lässt, bildete man aus den unregelmäßig verteilten Sternen willkürliche Gruppen. Diese Sternbilder hatten meist einen direkten Zusammenhang zum irdischen Leben oder stellten berühmte Sagengestalten dar. Ihre Namen vergab man jedoch oft nicht nur gemäß ihrem Aussehen. Die Sagengestalten, die man unter die Sterne projizierte, dienten mitunter der bloßen Orientierung. Der Himmel mit seinen absolut regelmäßigen Zyklen eignete sich schließlich vortrefflich zur Erstellung eines Kalenders. So erinnert beispielsweise der Wassermann an die bald beginnende Regenzeit, der Krebs an die Sommersonnenwende oder die Jungfrau an die herannahende Erntezeit.

In den Wirren der ausgehenden antiken Hochkultur übernahmen die Araber in der Astronomie eine führende Rolle. Dadurch wurden auch morgenländische Vorstellungen in die Bilder des Himmels integriert. Aber abgesehen davon, dass es in den verschiedenen Kulturen natürlich unterschiedliche Sternbilder gab, erfanden während der folgenden

Die Sternzeichen der Astrologie und die Sternbilder der Astronomie sind grundsätzlich verschieden.

Das Wintersechseck ist eine Orientierungs-hilfe, aber kein Sternbild.

Jahrhunderte viele Astronomen eigene Sternbilder – nicht selten auch aus wirtschaftlichen Gründen. So wurde der preußische König mit dem Sternbild „Friedrichsehre" gönnerhaft gestimmt, oder die wohlhabende italienische Kaufmannsfamilie erfreute sich an den „Medici'schen Gestirnen". Zu Beginn des 20. Jahrhunderts bestand der gestirnte Himmel aus einem unüberschaubaren Tohuwabohu von Sternkonfigurationen, die nur noch zum Teil klassischer Natur waren. Es wurde daher beschlossen, endlich feste, international anerkannte Sternbilder zu definieren. Ein Astronom wurde beauftragt, die Grenzen der Sternbilder so auszurichten, dass sie parallel zu den festen Koordinaten des Himmels (Deklination und Rektaszension) verlaufen. Als um das Jahr 1930 der Vorschlag endgültig von der Internationalen Astronomischen Union (IAU) angenommen worden war, fielen dabei natürlich einige der zwischenzeitlich ersonnenen Bilder weg. Auch sind die Sterne, die man heute einem Sternbild zuschreibt, nicht immer sinnvoll der Figur zuzuordnen, die das Bild benennt. Um einprägsame Figuren leicht auffinden zu können, verbindet man die hellsten Sterne eines Sternbildes mit so genannten Skelettlinien.

Nomenklatur

Nur die hellsten Sterne tragen klangvolle, klassische Eigennamen. Alle übrigen Sterne wurden aufgrund ihrer großen Anzahl systematisch bezeichnet. So führte der deutsche Astronom Johann Bayer im Jahre 1603 eine Bezeichnung von Sternen ein, die sich aus einem griechischen Buchstaben und dem lateinischen Namen des Sternbilds im Genitiv zusammensetzt. Für die Wahl der grie-

Zur Abschätzung von Distanzwinkeln am Himmel ist die ausgestreckte Faust hilfreich.

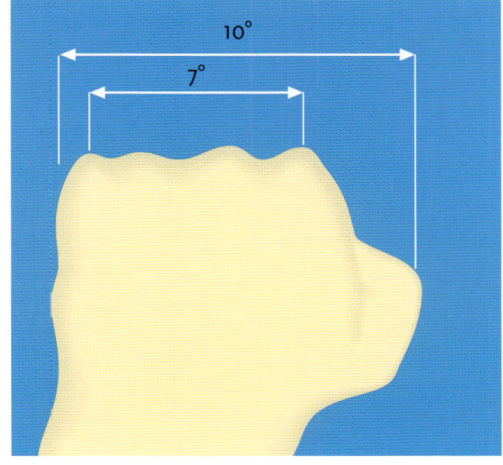

chischen Buchstaben ordnete man die Sterne fast immer nach deren Helligkeit. So heißt der hellste Stern eines Sternbildes oft Alpha (α), der zweithellste Beta (β). Aldebaran, der hellste Stern im Sternbild Stier (Taurus), wird daher auch α Tauri (oder kurz α Tau) genannt – eine Tabelle der deutschen und lateinischen Sternbildnamen sowie deren Abkürzung finden Sie auf Seite 92. Die Eigennamen hellerer Sterne sind oft arabischen Ursprungs, da es die Araber waren, die uns Europäern das Wissen im ptolemäischen Almagest während der politischen Wirren von Völkerwanderung und Mittelalter „konservierten".

Die „Hausnummern" der Sterne

Mittlerweile wurden mehrere Millionen Sterne in verschiedenen Sternkatalogen systematisch zusammengefasst und erhalten dort meist eine einfache Nummer. Um die Position eines Sterns am Himmel genau angeben zu können, wurde das Himmelsgewölbe mit einem Koordinatennetz ähnlich dem der Erdkugel überzogen. Dort, wo die

Rotationsachse der Erde die scheinbare Himmelskugel durchstößt, sind der Himmelsnord- bzw. Himmelssüdpol zu finden. Genau dazwischen befindet sich der Himmelsäquator. Die Breitenkreise am Himmel nennt man in der Astronomie „Deklination", die von +90° am Nordpol über 0° am Äquator und −90° am Südpol gezählt wird. Die astronomische Länge „Rektaszension" wird hingegen in Stunden, Minuten und Sekunden ausgedrückt. Für diese feste Längenkoordinate hat man als Nullmeridian den Frühlingspunkt gewählt. In diesem Punkt kreuzt die scheinbare Sonnenbahn (die Ekliptik) den Himmelsäquator zu Frühlingsbeginn.

Mit den Koordinaten Rektaszension und Deklination kann so jedem Stern am Himmel ein eindeutiger Platz zugeordnet werden. Ein Beispiel: Der oben schon erwähnte Aldebaran (α Tau) besitzt die Koordinaten Rektaszension $04^h 36^m$ und Deklination $+16° 32'$. Er steht also etwas über viereinhalb Stunden östlich („links") des Frühlingspunktes und sechzehneinhalb Grad nördlich („oberhalb") des Himmelsäquators.

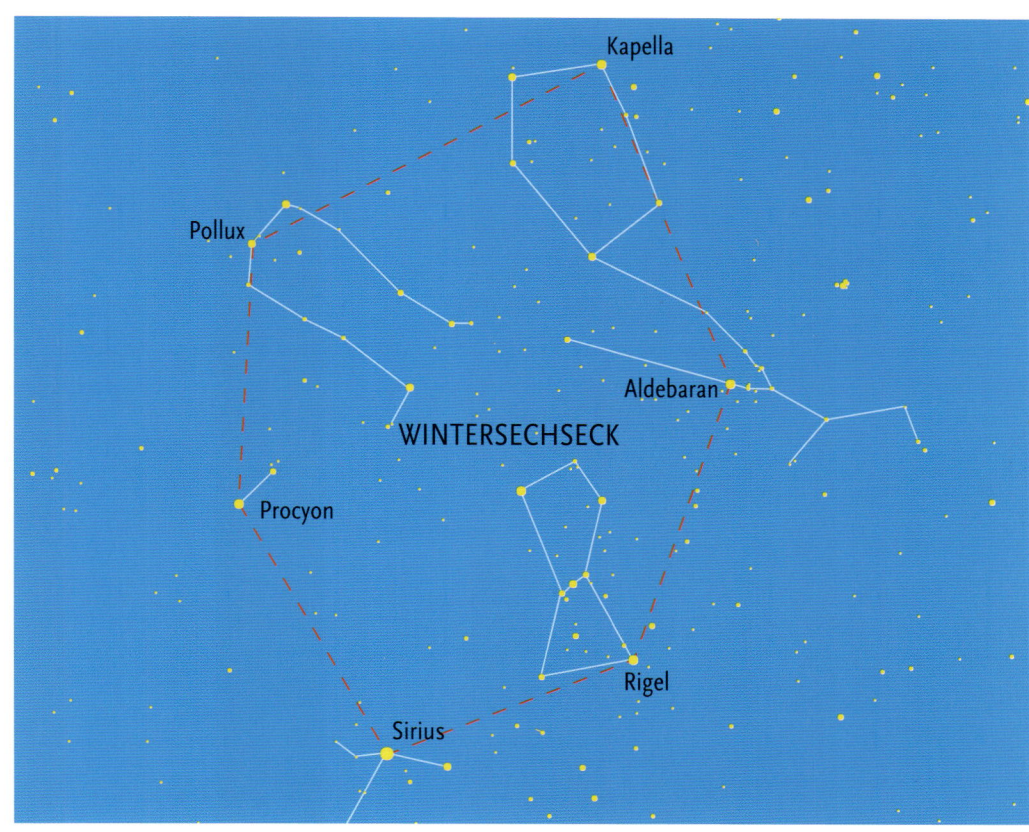

WINTERSECHSECK

Kapella · Pollux · Aldebaran · Procyon · Rigel · Sirius

DAS GRIECHISCHE ALPHABET							
α	Alpha	η	Eta	ν	Ny	τ	Tau
β	Beta	ϑ	Theta	ξ	Xi	υ	Ypsilon
γ	Gamma	ι	Jota	o	Omikron	φ	Phi
δ	Delta	κ	Kappa	π	Pi	χ	Chi
ε	Epsilon	λ	Lambda	ρ	Rho	ψ	Psi
ζ	Zeta	μ	My	σ	Sigma	o	Omega

Die Nördliche
für gegenwärtige

Halbkugel.
Zeit entworfen.

Historische Sternkarten

In früherer Zeit waren Sternkarten sehr viel kunstvoller gezeichnet als die heutigen bloßen Skelettlinien. Eines der historischen Glanzstücke ist der Atlas von Johann Elert Bode (1747–1828). Seine nördliche Übersichtskarte mit zentriertem Polarstern ist hier links dargestellt; die südliche, die keinen Polarstern hat, rechts. Der Hamburger Astronom hatte bereits als jugendlicher Mensch unter 20 Jahren diverse astronomische Schriften verfasst. Als Direktor der Berliner Sternwarte setzte er später den Namen Uranus für den von W. Herschel neu entdeckten Planeten durch.

Die Südliche
für gegenwärtige

Halbkugel.
Zeit entworfen.

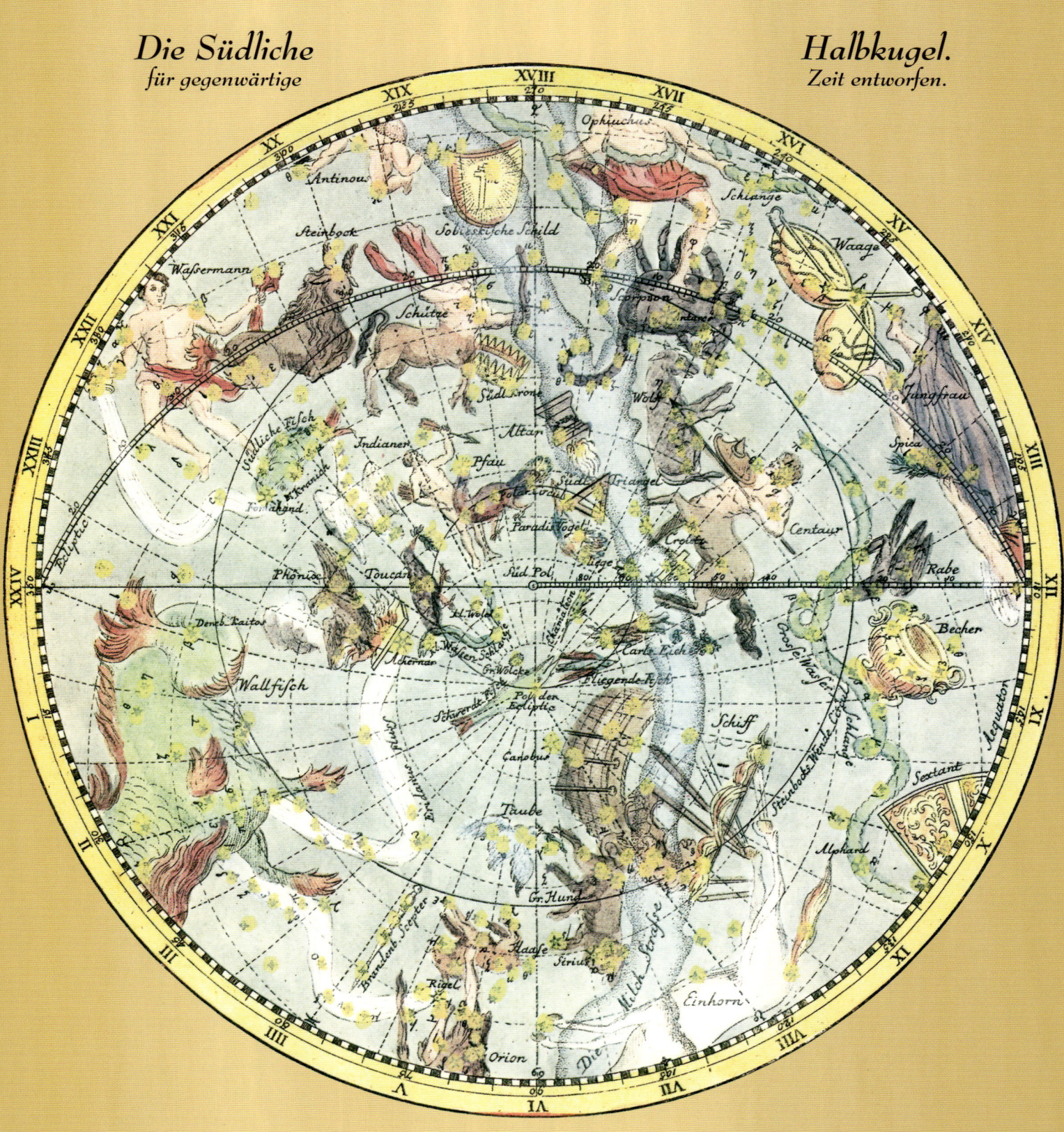

Das bewegte Firmament

ALLES DREHT SICH...

Lichtwechsel, die jedem auffallen – wie Tag und Nacht oder die Phasengestalten des Mondes – deuten bereits an, dass sich der Anblick des Himmels mit der Zeit ändert. Bei näherer Betrachtung lässt sich sogar noch Weiteres erkennen: Nicht nur die Sonne bewegt sich täglich von Ost nach West über den Himmel, auch die anderen Gestirne vollführen genau diese Bewegung. Durch die Rotation der Erde um ihre eigene Achse erscheint es uns, als ob sich der Himmel binnen 24 Stunden um uns drehen würde. Dieser Anblick ist der des geozentrischen Weltbildes. Die Bewegung der Erde durch den Weltraum können wir direkt nicht wahrnehmen. Stattdessen beobachten wir, dass an unserem Horizont – man nehme zum Beispiel einen Baum in Ostrichtung als Markierungspunkt – allabendlich zur gleichen Uhrzeit andere Gestirne stehen. Innerhalb weniger Tage ist der Unterschied nicht leicht zu sehen, aber schon nach einem Monat wird er sehr deutlich. Schließlich bewegt sich die Erde im Laufe eines Jahres um die Sonne, weshalb das Tagesgestirn, von der Erde aus betrachtet, vor immer anderen Sternen steht (die wir natürlich am hellen Tag nicht sehen können). Die scheinbare Sonnenbahn am Himmel, die Ekliptik, führt die Sonne daher von West nach Ost durch die Bilder des Tierkreises. Das griechische Wort „Ekliptik" bedeutet „Linie der Finsternisse", weil diese nur dann auftreten können, wenn der Vollmond oder der Neumond ebenfalls genau auf dieser Linie steht. Das Sternbild im Hintergrund der Sonne ist natürlich gerade nicht sichtbar; dasjenige, in welches die Sonne aber bald hineinwandert, steht am abendlichen Westhorizont. Schon allein daran lässt sich die Bewegung der Gestirne sehr eindrucksvoll nachvollziehen.

Aber nicht nur mit der Zeit ändert sich der Anblick des Himmels. Auch eine Abhängigkeit vom Standort des Beobachters auf der Erde lässt sich erkennen (s. Abb. links unten). Ein Beobachter an einem der Pole der Erde sähe stets den gleichen Himmelsausschnitt um den Himmelspol herum – die Bahnen der Gestirne verlaufen dort parallel zum Horizont. Hingegen kann ein Beobachter am Äquator im Laufe eines Jahres den gesamten Sternenhimmel überblicken – dort verlaufen die Bahnen senkrecht zum Horizont.

Die Ekliptik ist gegen die Äquatorebene der Erde um etwa 23,°5 geneigt. Daher steht unser Zentralgestirn im Laufe eines Jahres mal hoch und mal niedrig am Himmel – dies ist der Grund für die verschiedenen Jahreszeiten. Befindet sich die Sonne weit oberhalb des Himmelsäquators, ist bei uns Sommer (und auf der Südhalbkugel Winter). Im anderen Halbjahr beleuchtet sie die Erde mehr auf der Südhalbkugel, so dass dort Sommer ist, während bei uns Winter herrscht. Im Verlauf eines Jahres ändert sich stetig die Mittagshöhe der Sonne über dem Horizont, und ihre Auf- und Untergangspunkte verschieben sich (s. Abb rechts oben auf S. 11). Während des Sommers der Nordhalbkugel geht das Tagesgestirn sehr weit nördlich vom Ostpunkt auf und auch nördlich vom Westpunkt unter. Der Tagbogen der Sonne ist nun besonders lang, und mittags erreicht sie ihre größte Höhe. Im Winter hingegen steht die Sonne südlich des Himmelsäquators, weshalb sie dann auf der Südhalbkugel sommerlich hoch steht. Bei uns treffen ihre Strahlen dann allerdings nur flach auf und können nicht mehr stark wärmen. Auch die Mittagshöhe der Sonne schrumpft nun auf ein Minimum und sie geht weit im Südosten auf und im Südwesten bereits wieder unter – die Tage sind nun kurz und die Nächte lang.

Umgekehrt verhält es sich mit dem Mond, der immer dann am hellsten ist, wenn er der Sonne genau gegenüber steht. Seine Bahn ist nur um etwa 5° gegen die der Erde geneigt. Den Erdtrabanten verschlägt es also am Winterhimmel deutlich höher über den Horizont als im Sommer. Ein Wintervollmond wirkt daher oft heller als einer im Sommer, denn sein Licht wird von der Atmosphäre der Erde nicht so stark geschwächt.

Nicht nur Mond und Sonne, auch die Planeten ändern ihren Standort am Himmel. In einem Himmelsatlas wird man sie also vergeblich suchen, da er den Sternhimmel beschreiben soll. Ihre Bewegung vor dem Hintergrund der Fixsterne war es, die ihnen zu der Bezeichnung „Wanderer" verhalf, von dessen griechischer Übersetzung sich unser Wort „Planet" ableitet.

Die Helligkeiten der Sterne

Traditionell werden die Helligkeiten der Sterne in so genannten Größenklassen (magnitudines) angegeben. Abkürzend schreibt man dafür ein hochgestelltes „m", wohingegen 1 „mag" ein Maß für Helligkeits*unterschiede* ist. Dieses merkwürdige Maß beruht auf empirischen Schätzungen, die man bereits in der Antike festgelegt hat. Ptolemäus verwendete eine sechsstufige Skala, in die er die Sterne nach Augenmaß einordnete. Diese sehr individuelle Einteilung wurde erst 1850 zu einer mathematisch formulierten Gesetzmäßigkeit abgewandelt. Nach der Entdeckung des so genannten psycho-physischen Grundgesetzes – wonach eine Sinneswahrnehmung mit dem Logarithmus des Reizes wächst – konnte man auch die

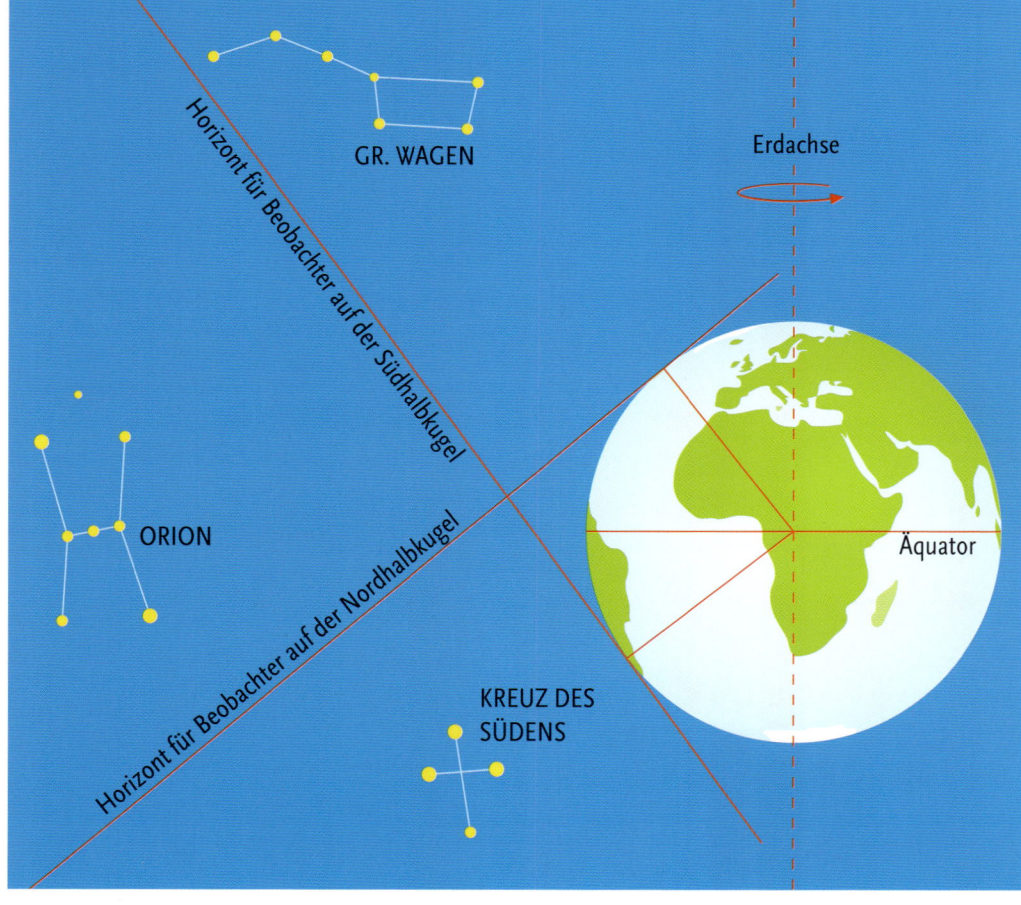

Der Anblick des Himmels ist vom Beobachtungsort abhängig.

Die Bestrahlung der Erde im Laufe eines Jahres

Skala der astronomischen Größenklassen normieren. Ein Stern erster Größe ist genau 100-mal heller als ein Stern sechster Größe. Selbst heutzutage verwendet man noch das Prinzip dieses alten Systems, nachdem die hellsten Sterne die erste Größe besitzen und die schwächsten, mit bloßem Auge gerade noch sichtbaren Sterne sechster Größe sind. Je kleiner also der Zahlenwert ist, desto heller ist das Objekt. Als Eichpunkt wurde ursprünglich der Polarstern benutzt, doch schon bald gaben sich die Forscher mit dieser groben Einteilung nicht mehr zufrieden. Viele Sterne und Planeten sind deutlich heller als der Nordstern und so musste die Skala bald erweitert werden. Der fünfthellste Stern des Himmels, Wega, besitzt beispielsweise eine Helligkeit von 0^m. Für noch hellere Objekte führte man schließlich auch negative Größen ein: Der hellste Planet, Venus, erreicht bei seiner größten Helligkeit etwa -4^m, die gleißend helle Sonne sogar fast -27^m.

Die Farben der Sterne

Mit dem bloßen Auge sieht man die Sterne am Nachthimmel fast ausschließlich als helle Pünktchen auf dunklem Grund. Nur bei den hellsten von ihnen kann man manchmal auch Farben erkennen. So sieht etwa Antares im Skorpion deutlich rot aus, Rigel im Orion etwas bläulich oder Regulus im Löwen gelblich. Fotos hingegen zeigen keineswegs einen schwarz-weißen Himmel sondern sehr viele eindeutig farbige Sterne – auch unter den schwächeren sind zahlreiche besonders auffallend rot oder orangefarben, während aber auch gelbe, weiße und bläuliche Sterne zu sehen sind. Die Farbe eines Sterns gibt Auskunft über dessen Temperatur, genau genommen allerdings nur bis zu einer bestimmten Tiefe – Sterne sind schließlich nicht durchsichtig. Da man nicht in sie hineinschauen kann, muss man alles Wissen über sie aus dem Licht ihrer Oberfläche erkennen. Die Oberflächentemperatur kommt zustande, da im Zentrum des Sterns eine Kernfusion abläuft. Bei den dortigen enormen Temperaturen und Drücken wird Wasserstoff zu Helium verschmolzen, wobei Energie entsteht. Diese wird in Form von Strahlung abgegeben, so dass der Stern leuchtet. In einem großen, schweren Stern ist zwar mehr „Brennstoff" vorhanden, allerdings läuft auch die Kernfusion erheblich schneller ab; das Material wird entsprechend schneller aufgebraucht, und die entstehende Strahlung ist energiereicher. Blaue und weiße Sterne sind besonders heiß und massereich, weshalb sie ihren Brennstoff aber

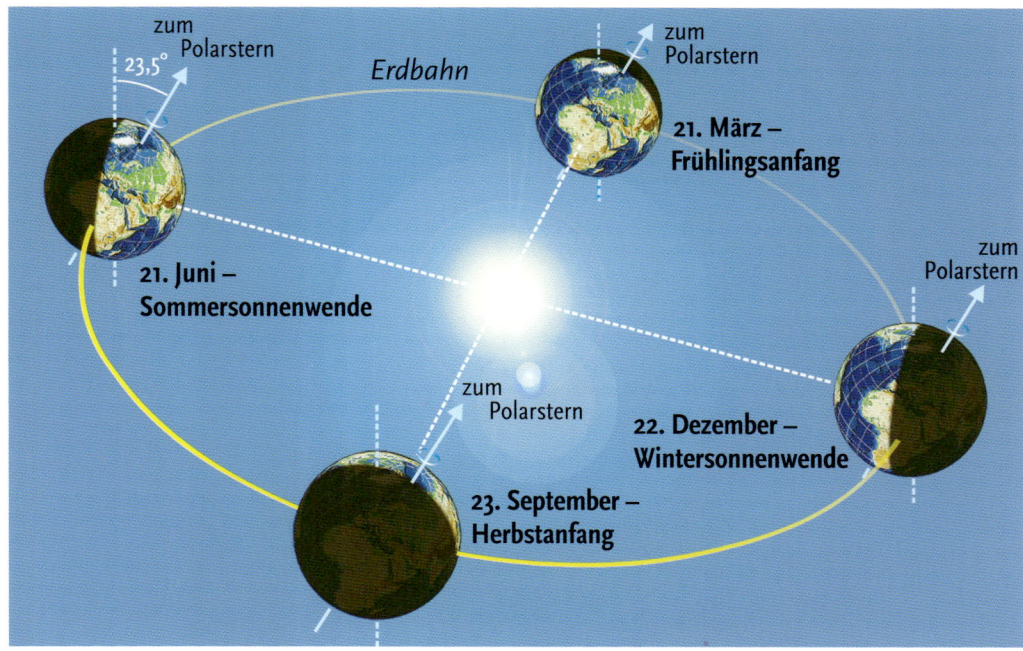

auch relativ schnell verbrauchen. Rote Sterne hingegen sind verhältnismäßig kühl. Unter ihnen befinden sich die Roten Riesen, dies sind am Ende ihres Lebensweges angekommene „Sternen-Greise". Kühlere Sterne erreichen ein höheres Alter, da sie vergleichsweise wenig Masse besitzen, die sie recht langsam verbrennen. Gelbe und orangefarbene Sterne sind unserer Sonne ähnlich.
Wenn das freie Auge nur bei den hellsten Sternen Farben erkennt, liegt dies offenbar an seiner beschränkten Empfindlichkeit – nachts sind eben „alle Katzen grau", und tatsächlich sind alle Sterne in Wirklichkeit farbig. Ein Film kann das Licht zwar nicht so schnell erfassen wie das Auge, doch sammelt er es über viele Minuten und macht daraus ein einziges Bild. Damit bietet die Astrofotografie ganz andere Möglichkeiten als die direkte Beobachtung mit dem Auge, und da nun mehr Licht zur Verfügung steht, kommt auch die Farbinformation zum Tragen. Eine lang belichtete Fotografie des Sternhimmels zeigt dann sogar die Farben der Sterne. Aus diesem Grund kann man auf einem Foto sogar noch viel mehr sehen: Leuchtschwache Gas- oder Staubnebel nehmen meist große Flächen am Himmel ein. Sie leuchten aber nur schwach, so dass unser unbewaffnetes Auge sie nicht sehen kann.

Wie der Atlas benutzt wird

Eine Sternkarte bildet das Firmament über uns ab und ist einer typischen Landkarte nicht unähnlich. Wie bei einem Erdatlas wurde auch hier der Himmel in einzelne Bereiche unterteilt, so dass 30 Karten den gesamten Sternhimmel überdecken. Mit Ausnahme der zwei Polkarten ist auf allen Karten Norden oben und Osten links, da wir die Sternkarte ja eigentlich über den Kopf halten

müssten, um sie mit den echten Sternen zur Deckung zu bringen.
Der Atlas ist so aufgebaut, dass pro Doppelseite ein Himmelsausschnitt dargestellt und beschrieben wird. Dabei ist den beiden Polarregionen je eine eigene Seite gewidmet. Der Rest des Himmels gliedert sich in drei Streifen von Nord nach Süd, die ihrerseits in noch kleinere Abschnitte unterteilt sind. Die Reihenfolge der Karten ist von West nach Ost, also in Richtung der Koordinate Rektaszension sortiert:

▶ 1 Karte zeigt den Himmelsnordpol
▶ 8 Karten bilden den Himmel zwischen +75° und +15° Deklination ab
▶ 12 Karten stellen die Äquatorregion von +30° bis –30° dar
▶ 8 Karten zeigen den Südhimmel von –15° bis –75° Deklination
▶ 1 Karte zeigt den Himmelssüdpol

Damit Sie sich schnell zurechtfinden, sind auf den Seiten 14 und 15 Übersichtskarten abgebildet, deren Ausschnitte auf die jeweiligen Seitenzahlen verweisen. Eine fotografische Himmelsaufnahme im Atlas ist immer mit einer weißen Beschriftung versehen, durch die die Verbindungslinien der Sternbilder, die Namen der Sterne sowie erwähnenswerte Objekte markiert sind. Auf der linken Seite ist zur einfachen Navigation jeweils eine Übersichtskarte abgebildet, auf der der gerade vorgestellte Himmelsausschnitt farblich hervorgehoben ist. Ein ausführlicher Text berichtet von Sagen und Geschichten zu den hier sichtbaren Sternbildern, und am linken Bildrand sehen Sie die besonders schönen Objekte in dieser Himmelsregion, von denen man einige sogar mit dem Fernglas sehen kann.

Sternstrichspuren

Mit einer Kamera, einem Stativ und einem Drahtauslöser ist es problemlos möglich, Fotos ähnlich den hier abgebildeten anzufertigen. Die beiden Bilder zeigen, wie die Sterne aufgrund der Erddrehung scheinbar um den nördlichen bzw. südlichen Himmelspol rotieren. Die kurze, helle Strichspur auf der nördlichen Aufnahme (links) gehört zum Polarstern, der damit die Nordrichtung markiert.

Am Südhimmel (rechts) fehlt ein dem Polarstern vergleichbarer Stern völlig. Gewissermaßen als „Entschädigung" sind auf der Aufnahme jedoch eine Reihe von nicht-stellaren Objekten zu erkennen: knapp oberhalb des Bergrückens die Kleine sowie die Große Magellansche Wolke.

Die Sternkarten im Überblick

Nordhimmel

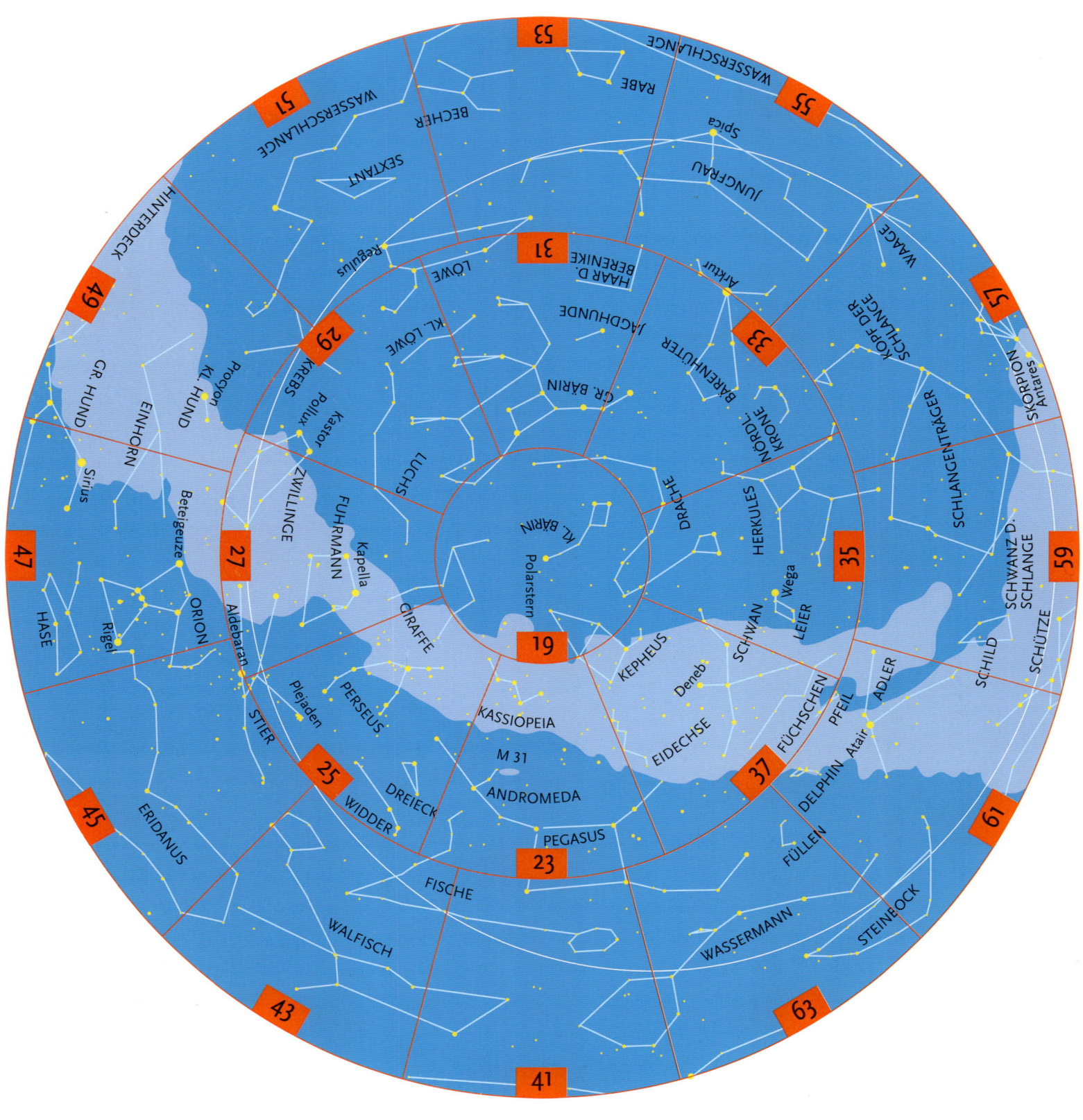

Die Ziffern der Himmelsausschnitte verweisen auf die Seitenzahlen im Atlas.
Alle Karten besitzen eine großzügige Überlappung, abgebildet ist hier jeweils nur der Zentralbereich.

Südhimmel

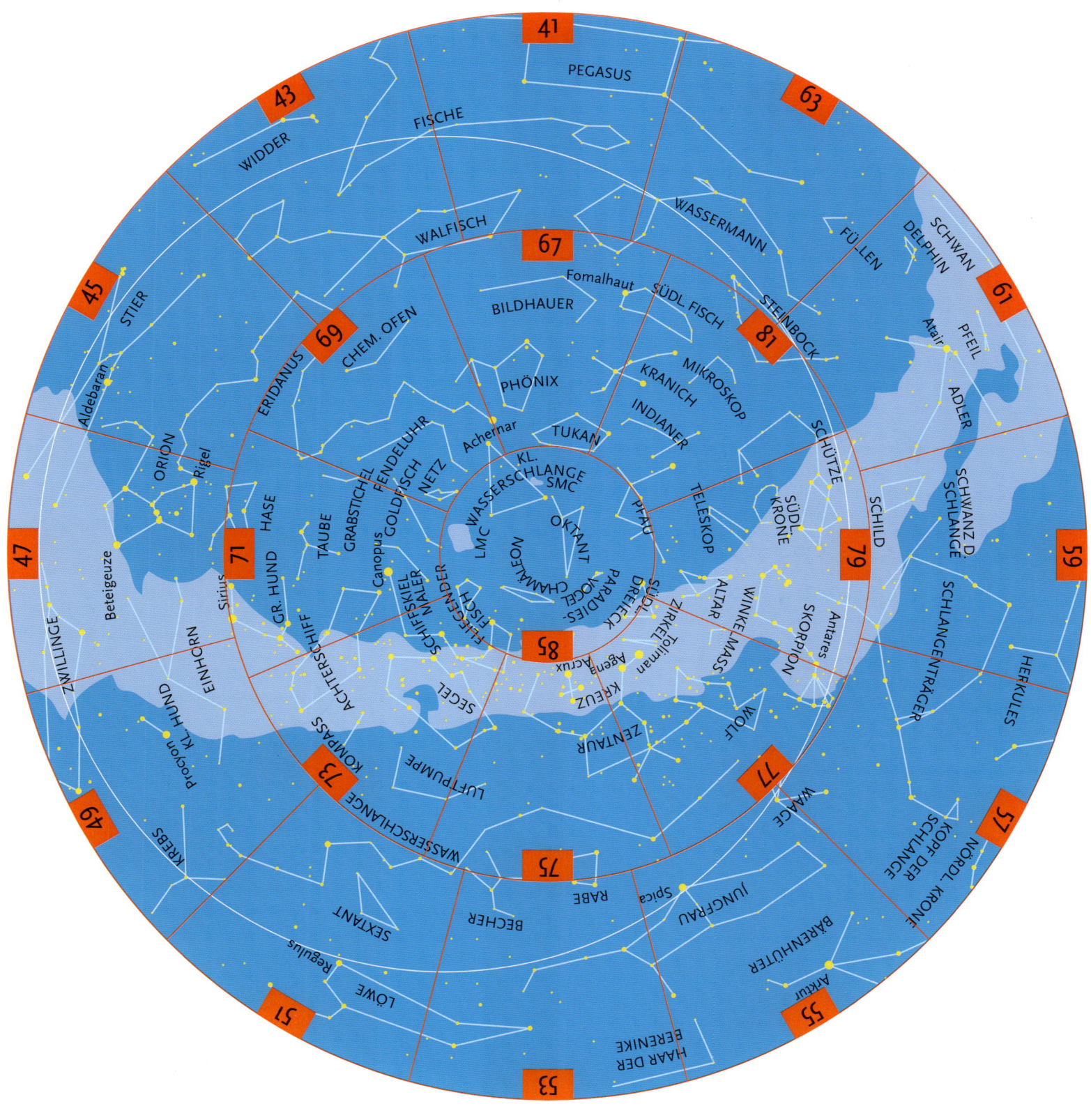

Die Ziffern der Himmelsausschnitte verweisen auf die Seitenzahlen im Atlas.
Alle Karten besitzen eine großzügige Überlappung, abgebildet ist hier jeweils nur der Zentralbereich.

Unsere Milchstraße

Diese 360°-Panoramaansicht des Himmels
wird durch das schimmernde, von dunklen
Staubwolken durchzogene Band der Milchstraße dominiert. Um das Himmelsgewölbe
auf ein ebenes Blatt Papier zu drucken,
musste eine spezielle Projektion verwendet
werden, die bei randnahen Sternbildern zu
einigen Verzerrungen führt. Da sämtliche
Einzelbilder von der Nachtseite der Erde
aus aufgenommen wurden, ist diese – ebenso wie die Sonne – nicht im Bild enthalten.

Kleine Bärin, Polarstern und Giraffe

Nordpol

M 81

M 82

Galaxien M 81 und M 82

Im Kopf der Großen Bärin befindet sich eines der schönsten Galaxienpaare am Himmel. Mit einer Entfernung von 12 Millionen Lichtjahren ist M 81 eine der nächsten Galaxien außerhalb der Lokalen Gruppe (nur die Sculptor-Gruppe im Sternbild Bildhauer liegt mit 8 Millionen Lichtjahren noch näher). Damit wird auch klar, weshalb sie nach M 31 und M 33 zu den hellsten Galaxien am Nordhimmel gehört. Im Fernrohr zeigt sich – einen dunklen Beobachtungsplatz vorausgesetzt – eine ovale Scheibe (24′ x 13′) mit einem hellen Kern. Deutlich anders im Aussehen präsentiert sich M 82. Wie im Fall von M 51 und ihrer kleinen Begleitgalaxie (siehe S. 30) ist auch diese Galaxie durch die Anziehungskraft ihrer größeren Nachbarin M 81 verändert worden. Modellrechnungen zeigen, dass die engste Annäherung vor einigen zehn Millionen Jahren stattgefunden haben muss. Als Folge dieser Begegnung wurden neue Sternentstehungsprozesse in M 82 ausgelöst, die sich durch starke Radio- und Infrarotstrahlung bemerkbar machen. Da wir auf M 82 von der Kante schauen, erscheint sie als relativ schmaler Strich, der in einem größeren Fernrohr in zahllose Knoten aufgelöst wird.

Sternhaufen NGC 188

Der von John Herschel in der 1. Hälfte des 19. Jahrhunderts entdeckte offene Sternhaufen ist das älteste bekannte Objekt seiner Art in unserer Milchstraße. Neuere Messungen ergaben ein Alter von etwa 6 Milliarden Jahren. Die 120 Sterne des 8^m hellen Objekts sind über einen Durchmesser von ca. 14′ verteilt.

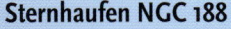

Galaxie NGC 1560

Diese Galaxie zeigt sich im Fernrohr als 12^m schwacher, sehr schmaler Streifen, da wir sie von der Kante her sehen. Obgleich sie mit einer Entfernung von 7,5 Millionen Lichtjahren nicht mehr zur Lokalen Gruppe gehört, dürfte sie deren Bewegung durch ihre Schwerkraft beeinflussen.

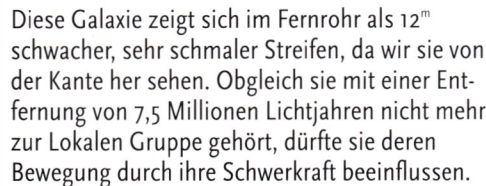

Gasnebel Ced 214 / NGC 7822

Nördlich der Kassiopeia liegen zwei Emissionsnebel, die fotografisch aufgrund ihrer rötlichen Farbe deutlich hervortreten, visuell jedoch ein Fernrohr mit größerer Öffnung (und dunklen Himmel) erfordern. Das Bild zeigt den 50′ x 40′ großen Südteil (Cederblad 214), in den – wie dies häufig bei Gasnebeln vorkommt – ein offener Sternhaufen eingebettet ist.

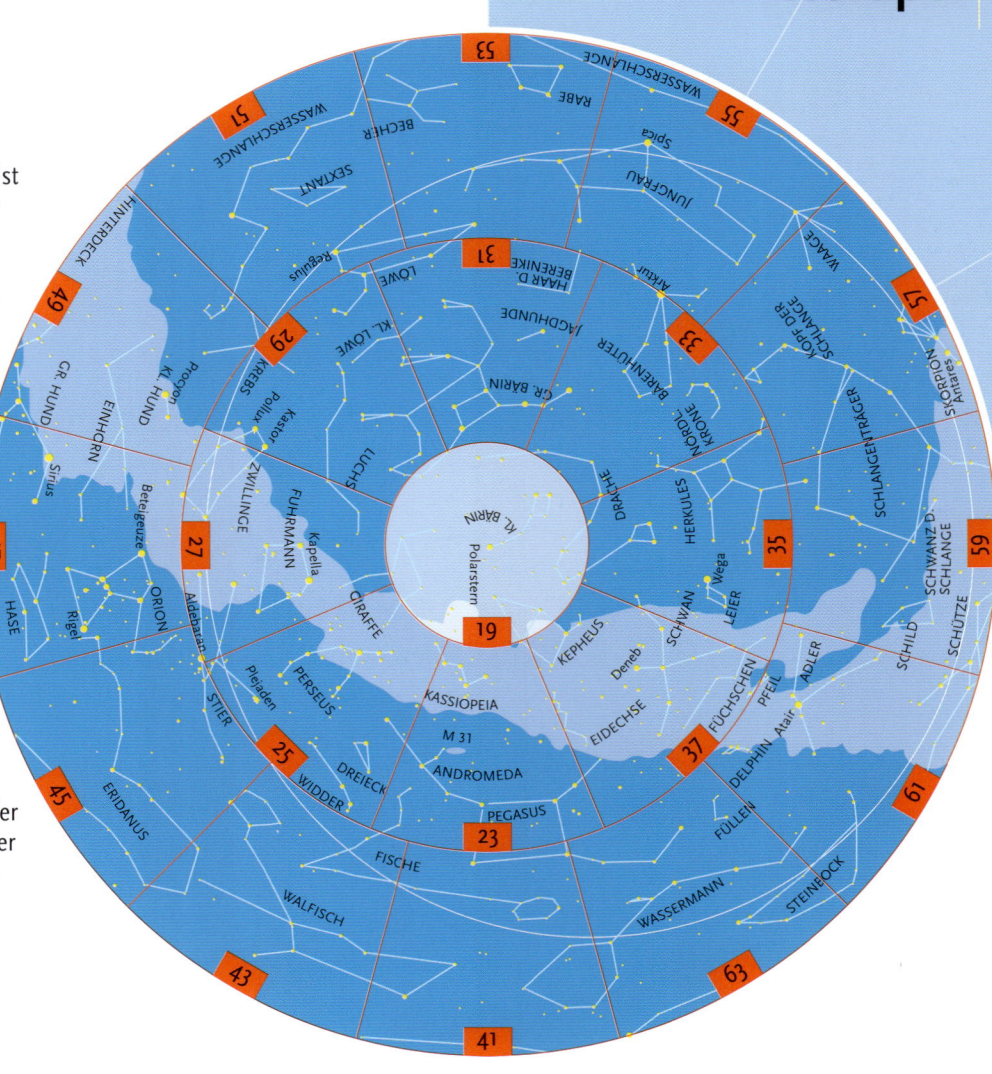

Die Region um den Pol, an dem die Erdrotationsachse die Himmelskugel durchstößt, bildet scheinbar das Zentrum aller Bewegung am Himmel. Der Nordpol des Himmels wird durch den Polarstern fast genau markiert. Dieser Stern, Polaris oder auch α UMi genannt, zeichnet sich durch seine besondere Stellung am Himmel aus. Er befindet sich zur Zeit nur etwa 1° entfernt vom Himmelsnordpol und kann daher die Nordrichtung besser weisen als ein Kompass. Aufgrund der gravitativen Einflüsse von Sonne und Mond verhält sich die Erdachse jedoch wie ein taumelnder Kreisel, so dass sich die Lage ihrer Rotationsachse am Himmel langsam verändert: Sie wandert auf einem Kreis um den nördlichen bzw. südlichen Pol der Ekliptik. Der Abstand des Polarsterns zum Himmelsnordpol (und natürlich auch der aller anderen Sterne) ändert sich mit der Zeit. In rund 100 Jahren wird er seine größte Annäherung an den Pol erreicht haben; dann entfernt er sich wieder, und es wird keinen helleren Nordstern mehr geben – bis in etwa 13.000 Jahren die helle Wega (zur Zeit am Sommerhimmel im Sternbild Leier) dem Pol ziemlich nahe kommen wird. Diese Bewegung geschieht allerdings so langsam, dass auch schon in früheren Jahrhunderten Seefahrer sich am (heutigen) Polarstern orientieren konnten. Ein voller Umlauf dieser „Präzession" genannten Bewegung wird Platonisches Jahr genannt und dauert etwa 25.800 Jahre.

Der Stern β im Sternbild Kleine Bärin ist unter dem Namen Kochab bekannt. Möglicherweise war β UMi der Polarstern der Griechen, und gemeinsam mit γ UMi waren sie die zwei Kälber, ein Symbol für ewige Gleichmäßigkeit. Die ganze Sterngruppe, die bei uns heute als Kleiner Wagen bekannt ist – vor allem α, β, γ, δ und ε UMi – betrachtete man einst als die Tänzer. Zu dieser Zeit war β UMi der Wächter (des Pols).

Einen sehr weiten Raum um den Pol nimmt auch das unscheinbare Sternbild Giraffe ein. Als Johannes Hevelius die Giraffe im 17. Jahrhundert einführte, ließ er sich vermutlich durch die geografischen Entdeckerfahrten dieser Zeit inspirieren. Da aber die ca. 25 Sterne, die man mit bloßem Auge in dieser Gegend erkennen kann, alle nicht heller als 4^m sind, liegen sie an der Sichtbarkeitsgrenze. Dieses Sternbild, das auch kaum interessante Objekte für die teleskopische Beobachtung bietet, gilt als das „leerste" am Nordhimmel überhaupt. Um so spektakulärer war 1964/65 die Beobachtung des Sterns RU Cam, der bis dahin als Veränderlicher mit einer Periode von 22,055 Tagen bekannt war. Zu besagter Zeit hörte er aber plötzlich auf veränderlich zu sein und strahlt seitdem mit konstanter Helligkeit.

GROSSE BÄRIN

Dubhe α

o

ρ

M 81

M 82

Thuban α

κ

DRACHE

Kochab β

Pherkad γ

ζ

η

ε

KLEINE BÄRIN

Nordpol δ

+

Polaris α

NGC 188

GIRAFFE

α

NGC 1560

γ

γ Errai

β Alfirk

KEPHEUS

Alkurhah ξ

α Alderamin

IC 1848

IC 1805

NGC 7822

Ced 214

ε Segin

Granatstern

μ

χ

η

Ruchbah

δ

Tsih

KASSIOPEIA

δ ζ

IC 1396

Caph β

Die Andromeda-Galaxie

Eine Nachbargalaxie, die in Form und Größe mit unserer Milchstraße verglichen werden kann, ist bereits mit bloßem Auge im Sternbild Andromeda zu sehen. Da sie so aber nur als verwaschenes Fleckchen erscheint, spricht man oft auch vom Andromeda-Nebel. Bereits in einem kleinen Fernrohr sieht man den hellen Kern, die Natur des Objektes bleibt jedoch verborgen. Erst zu Anfang des 20. Jahrhunderts gelang es, auf lang belichteten Fotoplatten einzelne Sterne zu erkennen und damit zu beweisen, dass es sich beim Andromeda-Nebel um eine Galaxie handelt.

Andromeda, Kassiopeia und Kepheus

Januar | Februar | März | April | Mai | Juni | Juli | August | September | Oktober | November | Dezember

+75° | +15°

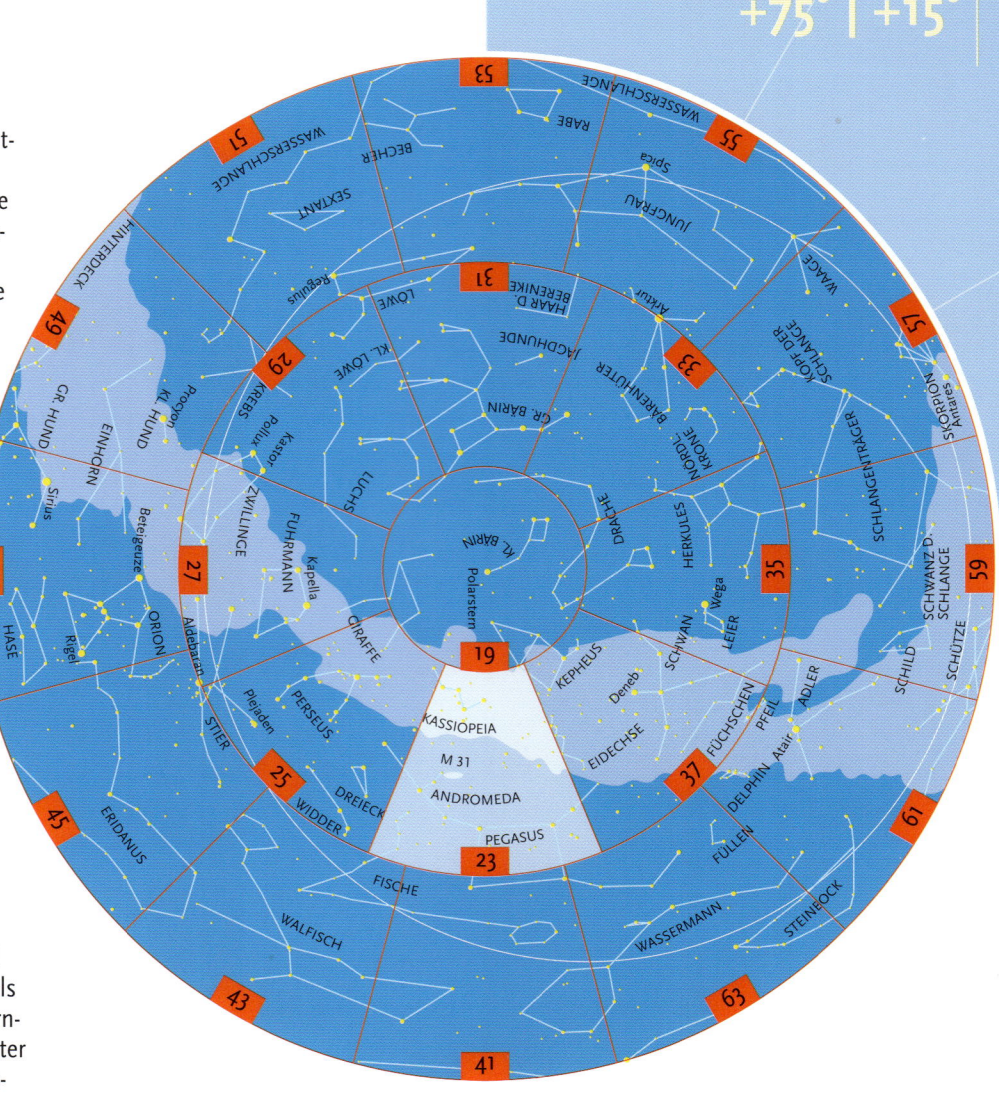

Galaxie M 31

Mit einer Entfernung von ca. 2,9 Millionen Lichtjahren ist der so genannte Andromeda-Nebel eine unserer nächsten Nachbargalaxien (nur die Magellanschen Wolken am Südsternhimmel liegen noch näher). Unter guten Bedingungen ist der Andromeda-Nebel bereits mit bloßem Auge als kleines Wölkchen neben dem Stern ν And sichtbar. Mit einem Fernglas erkennt man die volle Ausdehnung von 3° x 1°, und im Fernrohr wird das Staubband im Nordwesten sichtbar.

Galaxie M 33

Diese Galaxie im Sternbild Dreieck gehört ebenso wie der Andromeda-Nebel und unsere Milchstraße zur Lokalen Gruppe. Aufgrund ihrer recht großen Ausdehnung von 1° bei nur mäßiger Helligkeit (5^{m}3) ist sie bei aufgehelltem Himmel selbst im Fernrohr nur schwer auszumachen. Bei dunklem Himmel kann man M 33 hingegen schon mit dem bloßen Auge erkennen.

Gasnebel NGC 281

Die Bezeichnung NGC 281 bezieht sich sowohl auf einen Gasnebel mit 35′ x 30′ Ausdehnung als auch auf einen darin eingebetteten offenen Sternhaufen. In Fernrohren ab 20 cm Öffnung ist unter Zuhilfenahme eines Nebelfilters der Emissionsnebel gut erkennbar. Er befindet sich knapp 2° östlich von α Cas (Schedir). Im Englischen ist auch der Name „Pac-Man Nebula" gebräuchlich.

Sternhaufen M 52

Mit einem Alter von 50 Millionen Jahren ist M 52 in der Kassiopeia ein relativ junger offener Sternhaufen. Im Fernrohr bietet er einen schönen Anblick, da er sternreich (ca. 200 Sterne) und kompakt (13′ Durchmesser) ist. Die Bestimmung seiner Entfernung ist nicht ganz einfach, weshalb in der Literatur Werte zwischen 3000 und 7000 Lichtjahren zu finden sind. Ungefähr 0°5 südwestlich liegt der Emissionsnebel NGC 7635. Ein schwach leuchtender Gasbogen, der allerdings erst bei höherer Vergrößerung erkennbar ist, verleiht ihm auch den Namen „Bubble-Nebel".

Gasnebel IC 1396

Dieser ausgedehnte Emissionsnebel (170′ x 140′) südlich des „Granatsterns" μ Cep ist bei sehr guten Bedingungen bereits im Feldstecher zu sehen. Mit einem Fernrohr tut man sich wegen des kleineren Gesichtsfelds deutlich schwerer, die diffusen Konturen des Nebels vom Himmelshintergrund zu trennen.

Jener Teil des Sternhimmels, der im herbstlichen Mitteleuropa nachts im Zenit steht, wird durch die Bilder der äthiopischen Königin Kassiopeia, ihres Ehemanns König Kepheus und ihrer Tochter Andromeda dominiert. Im südlichen Teil des Kepheus ziehen statt Gasnebeln zwei berühmte Sterne die Aufmerksamkeit auf sich. Der veränderliche Stern δ Cephei ist der Prototyp einer ganzen Klasse von Pulsationsveränderlichen. Diese Gruppe der veränderlichen Sterne ist in der astronomischen Entfernungsbestimmung eine so genannte Standardkerze und Grundlage für Entfernungsmessungen zu nahen Galaxien. Der Stern μ Cep gilt als einer der am intensivsten rot leuchtenden Sterne, die mit dem bloßen Auge sichtbar sind. Daher bezeichnete der deutsche Astronom Sir William Herschel den Roten Riesen als „Granatstern". Der Herrscher Kepheus ragt zwar mit seinem Kopf an die Milchstraße, erstreckt sich dann aber sehr weit in den sternärmeren Norden. Die beiden himmlischen Damen hingegen beeindrucken durch diverse „Nebel". Die Königin-Mutter, vollkommen in der Milchstraße gelegen, bietet mehrere offene Sternhaufen und interstellare Gasnebel. Prinzessin Andromeda wartet mit der berühmten Galaxie M 31 auf.

Auch Pegasus, das geflügelte Pferd, das der Sage nach die Dichter und Denker inspiriert, ist in diesem Teil des Himmels zu finden. Seine drei hellsten Sterne bilden mit dem Kopf der Andromeda ein fast quadratisches Rechteck. Dieses so genannte Pegasus-Viereck steht derart markant hoch über dem Südhorizont, dass es als eine der wichtigsten Orientierungshilfen des herbstlichen Himmels zählt. Beispielsweise kann man durch Verlängern der östlichen Senkrechten (also der Verbindungslinie Alpheratz – Algenib) um etwa den doppelten Abstand nach Süden die ungefähre Position des Frühlingspunktes finden. Der Frühlingspunkt ist ein fiktiver Punkt am Himmel, der durch den Schnittpunkt der Ekliptik und des Himmelsäquators festgelegt wird. An dieser Stelle beginnt definitionsgemäß die Zählung der Himmelskoordinate Rektaszension.

Für den etwas sternarmen Raum zwischen dem Flügelross und König Kepheus gibt es klassisch keine eindeutige Zuordnung zu einem Sternbild. Der Danziger Astronom Johannes Hevelius (1611–1687) führte hier das Sternbild Eidechse (Lacerta) ein. Er zeichnete in seine Sternkarten ein seltsames, wieselähnliches Tierchen, das mit seinem gekringelten Schwanz genau in die Lücke hineinpasst. Nahe dem Stern β Lac befindet sich übrigens der Radiant der Lacertiden, einem kleinen Sternschnuppenstrom im Spätsommer.

Errai γ

Alfirk
β

KEPHEUS

NGC 7822

Alkurhah

Alderamin
α

IC 1848

ε Segin

Ced 214

Granatstern μ

IC 1396

KASSIOPEIA

Ruchbah δ

χ
η

γ Tsih

M 52

δ

Caph β

NGC 281

α

Schedir

NGC 7789

β

M 76

9

α

4

5

2

6

γ Alamak

EIDECHSE

ANDROMEDA

1

NGC 752

ν

M 31

μ

NGC 7331

Woo π

M 33

Mirach β

Matar η

τ

δ Tien Ke

Scheat
β

υ

ε

Alpheratz

α

μ Sadalbari

λ

φ

υ τ Sagma

51

χ ψ

PEGASUS

FISCHE

NGC 7814

α Markab

η

Algenib γ

Kassiopeia, Perseus und Dreieck

Januar Februar März April Mai Juni Juli August September Oktober November Dezember

+75° | +15°

Gasnebel NGC 1499

Dieser Emissionsnebel erhielt seinen Namen „California-Nebel" aufgrund seiner Form, die – um 90° nach links gedreht – den Umrissen von Kalifornien ähnelt. Entdeckt wurde er 1885 von Edward E. Barnard, der als einer der ersten Astronomen die noch in den Kinderschuhen befindliche Fotografie für die astronomische Forschung nutzte. Unabhängig davon wurde der Nebel auch von Friedrich Simon Archenhold (der später die nach ihm benannte Sternwarte in Berlin-Treptow gründete) beobachtete. Zum Leuchten angeregt wird NGC 1499 durch den Stern ξ Per, der sich knapp 1° südöstlich des Nebels befindet.

Stern Algol (β Per)

Der „Teufelsstern" ist der berühmteste Vertreter der so genannten bedeckungsveränderlichen Sterne. Hierbei wird der Hauptstern von einem dunkleren Begleiter umkreist, der ihn einmal pro Umlauf teilweise bedeckt. Alle 2,86 Tage geht die Helligkeit für ca. 10 Stunden von 2,1 auf 3,4 Größenklassen zurück.

Sternhaufen h + χ Per

Dieser berühmte „Doppelhaufen" ist bereits mit bloßem Auge zwischen den Sternbildern Perseus und Kassiopeia sichtbar. Mit einem Alter von 5,6 (h) bzw. 3,2 (χ) Millionen Jahren zählen sie noch zu den jungen Sternhaufen. Um beide Haufen gleichzeitig zu sehen, benötigt man allerdings ein großes Gesichtsfeld, wie es Feldstecher oder kurzbrennweitige Fernrohre bieten.

Gasnebel IC 1805 / IC 1848

Nur 3° nördlich von h+χ Per befindet sich ein ausgedehnter Komplex roter Gasnebel. Der rechte (westliche) Teil ähnelt einem um 90° nach links gedrehten Herz und wird daher oft als Herznebel oder „Valentine-Nebula" (in Anlehnung an den Valentinstag) bezeichnet. In dem kleineren, östlich gelegenen IC 1848 kann man mit etwas Fantasie eine auf den Rücken gedrehte Schildkröte erkennen.

Galaxie NGC 891

Auf halbem Weg zwischen γ And und M 34 liegt eine äußerst sehenswerte Galaxie, auf die wir fast genau von der Kante blicken. Ähnlich wie NGC 4565 im Haar der Berenike (S. 52) ist auch NGC 891 von einem dunklen Band durchzogen, welches von Staub in der Rotationsebene der Galaxie verursacht wird. Die Entfernung von NGC 891 schätzt man auf einen Wert zwischen 20 und 40 Millionen Lichtjahren.

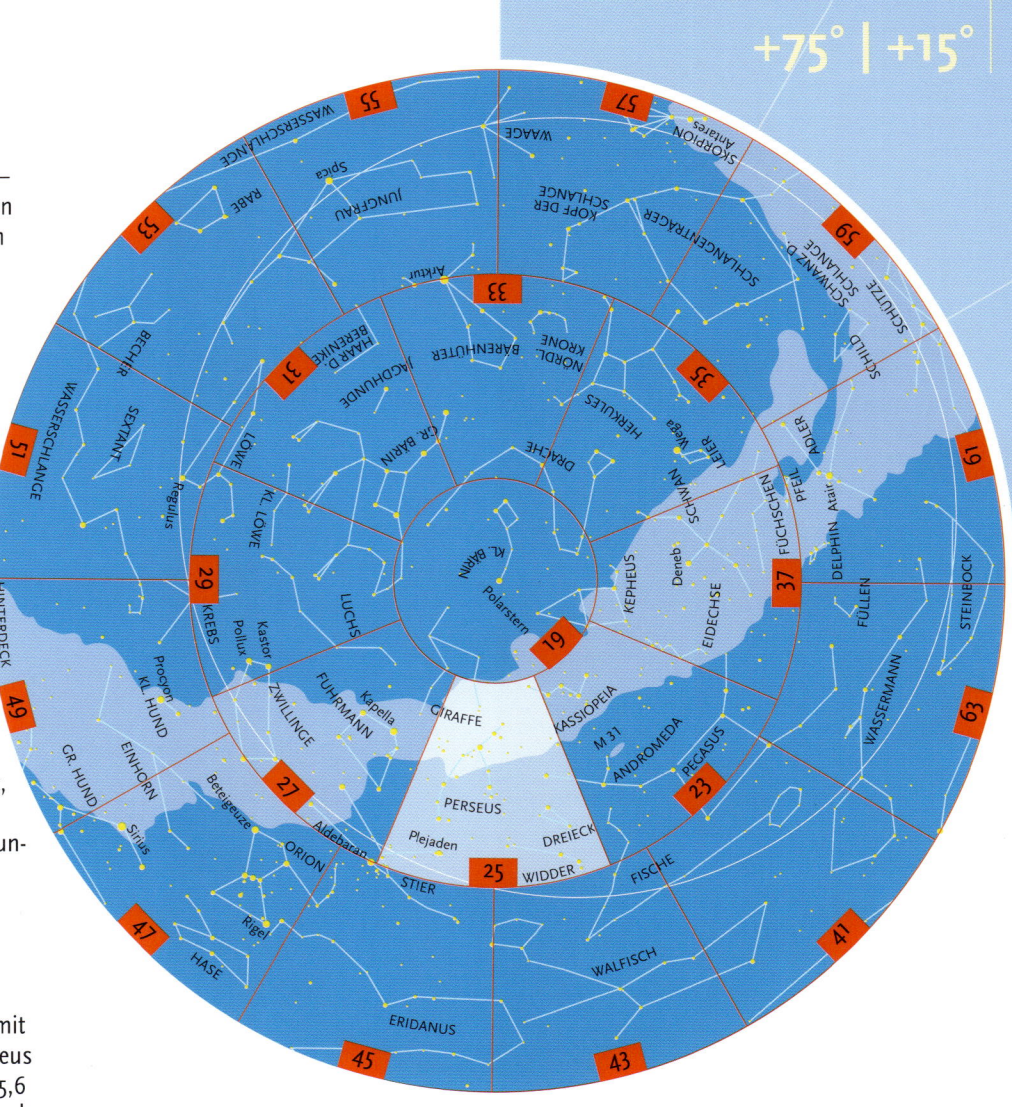

Wie auf einer Schnur aufgefädelt sind die vier hellsten Sterne der Andromeda angeordnet. Nach Osten verlängert, führt uns die Linie mitten in den Perseus. Der Sage nach rettete dieser Held die schöne Prinzessin vor dem schrecklichen Seeungeheuer, dem sie aufgrund der Prahlerei ihrer Mutter geopfert werden sollte. Andromeda war bereits an einem Felsen an der Küste angeschmiedet, als der Held Perseus mit den von Hermes (Merkur) geliehenen Flügelschuhen gerade am Himmel vorüberflog. Als Perseus sie erblickte, verliebte er sich prompt in Andromeda und nahm daher den Kampf mit dem herannahenden Monster Ketos auf. Gerade auf dem Heimweg vom Kampf mit der Gorgo Medusa, trug er deren abgeschlagenes Haupt als Beweis für seine Ruhmestat bei sich. Geistesgegenwärtig hielt er es dem Ungetüm hin, denn die Gorgonen waren so hässliche Frauengestalten mit Schlangenhaaren, dass man von ihrem Anblick umgehend versteinert wurde. Perseus wird daher am Himmel zusammen mit dem Gorgonenhaupt dargestellt. Der Stern β (Algol – von Ras al Ghul, dem Teufelskopf) markiert das gefährlich blitzende Auge der Medusa. Bei Ptolemäus hingegen findet man die griechische Bezeichnung „Der Helle im Gorgonenhaupt".

Der Stern α heißt Mirfak – oder eigentlich Marfik, der Ellbogen. Eine ältere Bezeichnung dieses Sterns ist auch Algenib, und es gibt auch diverse andere Ableitungen von Al Janb, der Seite des Heroen. Der Name des vom California-Nebel umgebenen Sterns Menkib (ξ Per) stammt zwar von Mankib und bedeutet also Schulter, allerdings wird er in modernen Darstellungen eher als Knöchel des Helden verstanden.

Zwischen η Per (Tien Chuen in China) und dem offenen Sternhaufen χ Per verläuft der Radiant des wohl berühmtesten aller Sternschnuppenströme, der Perseiden. Dieser Strom, auch Tränen des hl. Laurentius genannt, wird in seiner stündlichen Zenitfallrate (das Maß für die erwartete Sternschnuppenzahl) jedoch von mehreren anderen Meteorströmen übertroffen. Das Sternbild Dreieck (Triangulum), das ja eigentlich aus nicht besonders hellen Sternen besteht, ist eines der ältesten Bilder. Ursprünglich hieß es aber Deltotum, weil es den an den Nachthimmel versetzten Großbuchstaben Δ (Delta) rühmen sollte. Mit diesem Namen wurde es in Ägypten natürlich als das fruchtbare Nildelta verstanden. Der „erste" Stern im Dreieck (α Tri), Caput Trianguli, also Kopf des Dreiecks, ist eine halbe Größenklasse schwächer als β. Dieser Name war jedoch nicht die ursprüngliche, lateinische Bezeichnung, sondern wurde später aus dem Arabischen übersetzt.

Fuhrmann, Zwillinge und Stier

Sternhaufen M 37

Im Sternbild Fuhrmann liegen drei helle offene Sternhaufen, die als Nummer 36 bis 38 in Messiers Katalog registriert sind. Der mit Abstand sternreichste unter den dreien ist M 37. Allein bis zur Größenklasse 12,5 wurden 150 Sterne innerhalb eines Durchmessers von 20′ gezählt; die Gesamtzahl dürfte bei 500 liegen. Bei näherem Hinsehen fällt eine Y-förmig verzweigte, sternarme Region ins Auge.

Gasnebel IC 405

Der im angelsächsischen Sprachgebrauch „Flaming-Star Nebula" genannte Gasnebel wird von dem extrem leuchtkräftigen Stern AE Aurigae angestrahlt. Das Gas selbst leuchtet in dem typisch roten Licht, wie es für fluoreszierenden Wasserstoff charakteristisch ist. Gleichzeitig erkennt man ein blaues Filament, das durch an Staub reflektiertes Sternlicht hervorgerufen wird. Die Farbe erklärt sich dadurch, dass blaues Licht stärker gestreut wird als alle anderen Farben des sichtbaren Spektrums. Der gleiche Effekt ist auch für das Himmelsblau verantwortlich.
Häufig sind Gasnebel die Überreste eines Sternentstehungsgebietes. Aus spektroskopischen Messungen weiß man jedoch, dass sich AE Aurigae und IC 405 mit unterschiedlichen Geschwindigkeiten von uns weg bewegen. Es ist daher anzunehmen, dass der Stern dieser Gaswolke nur „durch Zufall" begegnet ist.

Sternhaufen M 35

Am Fuß der Zwillinge, etwa 2°,5 nordwestlich von η Gem, liegt der 2200 Lichtjahre entfernte offene Sternhaufen M 35. Der schon im Feldstecher leicht auffindbare Haufen enthält mindestens 120 Sterne in einem Feld von 40′ Durchmesser. Ein halbes Grad südwestlich von M 35 befindet sich der kleine, aber sehr kompakte Sternhaufen NGC 2158.

Gasnebel NGC 2174/5

Am Nordrand des Sternbilds Orion, unweit der Grenze zu den Zwillingen, liegt NGC 2174. Der 40′ x 30′ große Emissionsnebel umgibt einen Stern 7,5ter Größenklasse und ist mit dem offenen Haufen NGC 2175 assoziiert. Zur visuellen Beobachtung empfiehlt sich ein Nebelfilter, das das Himmelsstreulicht unterdrückt, das Licht des Nebels aber passieren lässt.

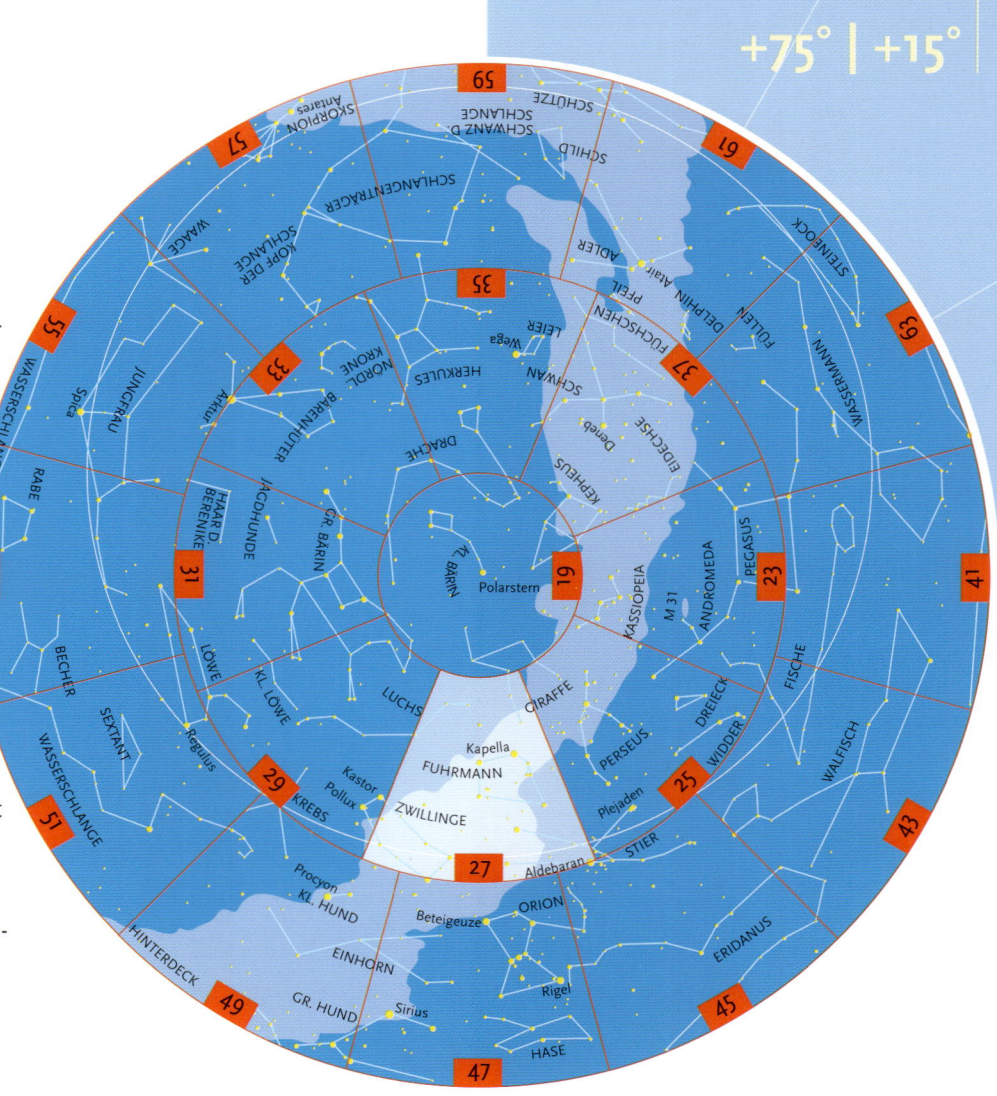

Östlich des Sternbilds Perseus erblicken wir Auriga, den Fuhrmann. Sein hellster Stern, Kapella, sinkt bei uns niemals unter den Horizont und steht in der dunklen Jahreszeit fast im Zenit. Die Darstellung eines Fuhrmanns mit einer Ziege erscheint etwas paradox. Sie rührt daher, dass das Sternbild in späterer Zeit erst in Fuhrmann umgetauft wurde. Eigentlich handelte es sich um einen Hirten, der mit seiner linken Hand die Zügel für zwei Zicklein hält. Auf seiner Schulter sitzt eine „Kleine Ziege" (Kapella). In ihr sah man die berühmte Amalthea, mit deren Milch der junge Zeus großgezogen wurde, weil seine Mutter Gaia ihn auf Kreta vor dem Vater Uranos verstecken ließ. Als Zeus später selbst zum Beherrscher des Himmels wurde, dankte er der Ziege, in dem er sie als strahlend weißes Gestirn an den Himmel versetzte. Menkalinan für β Aur benennt die Schulter des Fuhrmanns. Er ist ein sehr enger Doppelstern, der nur anhand seines Spektrums als solcher erkannt wurde. Da die beiden Sterne nahezu identisch sind, „verschmelzen" ihre Spektrallinien etwa alle zwei Tage (nach je einem halben Umlauf).
Der Stern γ Aur ist identisch mit β Tau, einer der Hornspitzen des Stieres. Der 1,ͫ5 helle Stern liegt exakt auf der Grenze zwischen den genannten Sternbildern und wird daher auch beiden zugeordnet. Als γ Aur trägt er den arabischen Namen Kabd al Inan, die Ferse des „Zügelhaltenden", wie der Fuhrmann zu früherer Zeit hieß.
Gemini, die Zwillinge, schließen sich an den Fuhrmann nach Südosten hin an. Kastor und Pollux waren Söhne der schönen Königin Leda. Jedoch war Kastor als Sohn des Königs Tyndaros ein Mensch, während Polydeukes (bei den Römer Pollux) als Sohn des Zeus ein unsterblicher Halbgott war. Die unzertrennlichen Brüder vollbrachten mehrere Heldentaten, oft auch gemeinsam mit anderen Heroen. Einmal gerieten sie allerdings in einen Streit mit diesen, wobei Kastor von Idas getötet wurde. Für Pollux war das ewige Leben nach dem Tod seines Bruders derart unerträglich, dass er seinen Vater bat, sterben zu dürfen. Als Zeus, der das nicht zulassen wollte, ihn vor die Wahl stellte, zog er es vor, gemeinsam mit seinem Bruder einen halben Tag in der Unterwelt zu verbringen und einen halben Tag bei den Göttern im Olymp. Neben dem offenen Sternhaufen M 35 befindet sich der Punkt am Himmel, an dem Herschel am 13. 03. 1781 das erste Mal den „neuen Planeten" sah. Mit dieser Entdeckung des Uranus wurde nicht nur schlagartig das Sonnensystem erweitert; obendrein wurde damit das alte Weltbild mit der hiermit verbundenen Zahlenmystik ins Wanken gebracht.

Große Bärin, Luchs und Kleiner Löwe

Januar **Februar** **März** **April** **Mai** **Juni** **Juli** **August** **September** **Oktober** **November** **Dezember**

Galaxie NGC 2403

Diese Galaxie in einer ansonsten recht stern- und objektarmen Region ähnelt in ihrem Erscheinungsbild ihrer „großen Schwester" M 33 (s. Seite 22) im Sternbild Dreieck. Entdeckt wurde sie 1788 von William Herschel, nachdem Messier sie offenbar übersehen hatte. NGC 2403 war die erste Galaxie außerhalb unserer Lokalen Gruppe, in der Veränderliche Sterne des Cepheiden-Typs entdeckt wurden. Ohne sie wäre es nicht möglich, die Entfernung anderer Galaxien zu bestimmen (vgl. auch S. 22). Mit einer Größe von 16′ x 10′ und einer Helligkeit von 8^{m}8 erfordert NGC 2403 bereits ein Teleskop von mindestens 20 cm Durchmesser, um die Spiralstruktur zu erkennen. Die zahlreichen jungen, blauen Sterne in den Spiralarmen von NGC 2403 sind ein Zeichen für aktive Sternentstehung.

Sternhaufen NGC 2419

Im Sternbild Luchs, ca. 7° nördlich vom Zwillingsstern Kastor, liegt ein ungewöhnlicher Kugelsternhaufen. Die meisten dieser Objekte befinden sich in einer Art Halo um das Zentrum der Milchstraße, weshalb die Mehrzahl der Kugelhaufen am Sommer- und Herbsthimmel zu sehen ist. Ganz anders NGC 2419: Er ist 210.000 Lichtjahre vom galaktischen Zentrum und 182.000 Lichtjahre von der Sonne entfernt, was vergleichbar mit der Entfernung unserer nächsten Nachbargalaxien (den Magellanschen Wolken) ist. Da er nicht mehr eindeutig unserer Milchstraße zuzuordnen ist, wird er häufig als „intergalaktischer Wanderer" bezeichnet.

Galaxie NGC 2683

Direkt an der Grenze zwischen den Sternbildern Luchs und Krebs befindet sich diese schöne Spiralgalaxie. Da wir nahezu von der Kante auf sie blicken, erscheint sie im Fernrohr als langgezogener Strich mit 7′ x 1,5 Ausdehnung.

Galaxie NGC 2841

Eine weitere helle Spiralgalaxie findet man nahe der „Vordertatzen" der Großen Bärin. Im Fernrohr zeigt sie einen 6′ x 2′ großen Halo um einen stark konzentrierten Kern. Am nördlichen Rand der 9^{m}2 hellen Galaxie befindet sich ein Stern 12. Größenklasse.

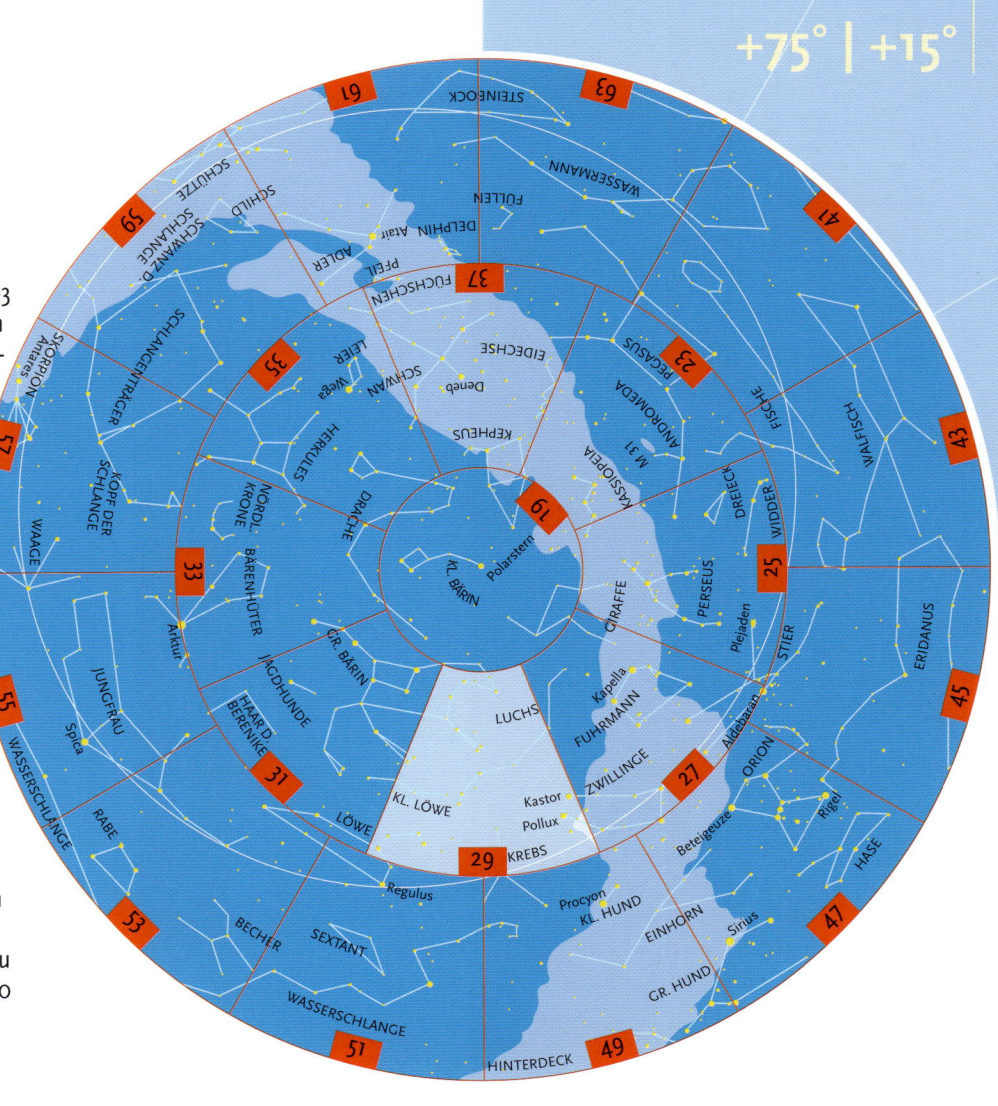

Der Große Wagen ist eine der wichtigsten Orientierungshilfen des nördlichen Himmels. Jedoch ist das „echte" Sternbild Große Bärin deutlich größer als diese berühmten sieben Sterne es suggerieren.

Eine griechische Sage berichtet von der überaus lieblichen Königstochter Callisto, einer Geliebten des Zeus, die von ihm den Sohn Arkas empfing. Als dieser zu einem stattlichen Jäger herangewachsen war, verwandelte Hera, die eifersüchtige Gemahlin des Zeus, Callisto in eine behäbige Bärin. Heimkehrend spannte der junge Mann prompt seinen treffsicheren Bogen und zielte auf das plumpe Tier. Zeus jedoch verhinderte den Muttermord, indem er das gewaltige Wesen am Schwanz packte und an den Himmel schleuderte. Da Zeus um die große Freundschaft der Callisto zu ihrer Kammerzofe wusste, versetzte er auch diese als Kleine Bärin ganz in deren Nähe. Der Jüngling Arkas wurde als Bärenhüter (Bootes) unter den Sternen dazu bestimmt, mit seinen Jagdhunden (Canes Venatici) über die beiden Bärinnen zu wachen. Jedoch werden jene Sterne, die in unseren Augen Schnauze, Ohr oder Auge der Bärin darstellen, etwa bei den Arabern als das Sternbild einer Gazelle gedeutet. Die Chinesen hingegen, die ihre vier großen, den Jahreszeiten entsprechenden Sternbilder in viele kleinere Gruppen – genannt Asterismen – unterteilen, sehen hierin die drei Anweiser.

Auch das Sternbild Lynx (Luchs) befindet sich noch in der eher sternarmen Gegend, die den Nordpol des Himmels umgibt. Es zählt nicht zu den klassischen Sternbildern, sondern wurde erst von dem Danziger Ratsherren (und späteren Bürgermeister dieser Stadt) Johann Hewelcke eingeführt. Die Figur einer schlanken Wildkatze in diesen schwachen Sternchen zu erkennen, ist nicht gerade leicht. Erschwert wird die Beobachtung dadurch, dass die Einzelsterne bereits so schwach sind, dass man sie nur bei klarem, dunklen Himmel sehen kann. Darum wird besagtem Astronomen Hewelcke (1611–1681, besser als Hevelius bekannt) nachgesagt, er habe sich bei der Namensgebung von einem anderen Gedanken inspirieren lassen: Die Sterne seien so schwach, dass man die sprichwörtlichen Luchsaugen haben müsse, um sie zu erkennen. Unterhalb der Bärin, auf halber Strecke zum Löwen, befindet sich das Sternbild des Kleinen Löwen (Leo Minor). Zu klassischer Zeit wurden diese Sterne teilweise gar keinem der Bilder zugeordnet. Wiederum war es Hevelius, der hier eine kleine Raubkatze formte. Er nannte die Figur, die er in den schwächeren Sternen dieser Gegend sah, „von gleicher Natur" wie die des Löwen.

Großer Wagen und Jagdhunde

Galaxie M 51

Die auch „Whirlpool Galaxy" genannte Spiralgalaxie liegt 3°,5 südwestlich von η UMa, dem
östlichsten Deichselstern des Großen Wagens.
Sie wurde von Messier im Jahre 1773 entdeckt
und war 1845 die erste, bei der der irische Astronom Lord Rosse mit seinem für die damalige
Zeit gigantischen Fernrohr (1,8 m Spiegeldurch-
messer) eine Spiralstruktur erkennen konnte.
Die Spiralstruktur des 10′ großen Objekts ist
heutzutage bereits mit einem 20-cm-Tele-
skop erkennbar.

Planetarischer Nebel M 97

Am Südrand des „Wagenkastens", 2°,5 südöstlich von β UMa, liegt der berühmte
Eulen-Nebel. Er gehört mit 163″ x 147″ zu
den größten Planetarischen Nebeln am
Himmel. Die dunklen „Augenhöhlen" sind
nur in Fernrohren ab 30 cm Durchmesser zu
sehen, da M 97 ein lichtschwaches Objekt ist.

Galaxie M 94

Viele Galaxien erscheinen im Fernrohr recht lichtschwach, da sich ihre Helligkeit auf eine vergleichsweise große Fläche verteilt. Nicht so M 94,
deren Licht im Wesentlichen auf den Kern konzentriert ist, so dass man diese 8,m2 helle Galaxie
schon mit einem kleinen 60-mm-Kaufhausrefrak-
tor erkennen kann. Am Himmel ist M 94 leicht zu
finden, da sie mit den Sternen α und β CVn ein
gleichschenkliges Dreieck bildet.

Galaxie NGC 4244

Eine interessante „edge-on-Galaxie" (mit Blick
auf die Kante) finden wir in den Jagdhunden, ca.
4° südwestlich von β CVn. Einen dunklen Himmel vorausgesetzt, erkennt man in Fernrohren
ab 20 cm Durchmesser einen schmalen, 17′ langen Strich. Im Gegensatz zu ihrer berühmteren
Nachbarin NGC 4565 (S. 52) fehlt hier aber das
dunkle Staubband.

Galaxien um NGC 4631

NGC 4631 gehört wie NGC 4244 zu den edge-
on-Galaxien, zeigt allerdings eine deutliche
Asymmetrie. Das östliche Ende der 15,′5 x 3,′3 großen Spindel ist merklich dicker als das westliche,
weshalb die Form der Galaxie an einen Fisch
erinnert. Dazu passend befindet sich nur 1° südöstlich der „Angelhaken": Die ebenfalls von der
Kante sichtbare Galaxie NGC 4656 mit ihrem
kleinen Begleiter NGC 4657.

+75° | +15°

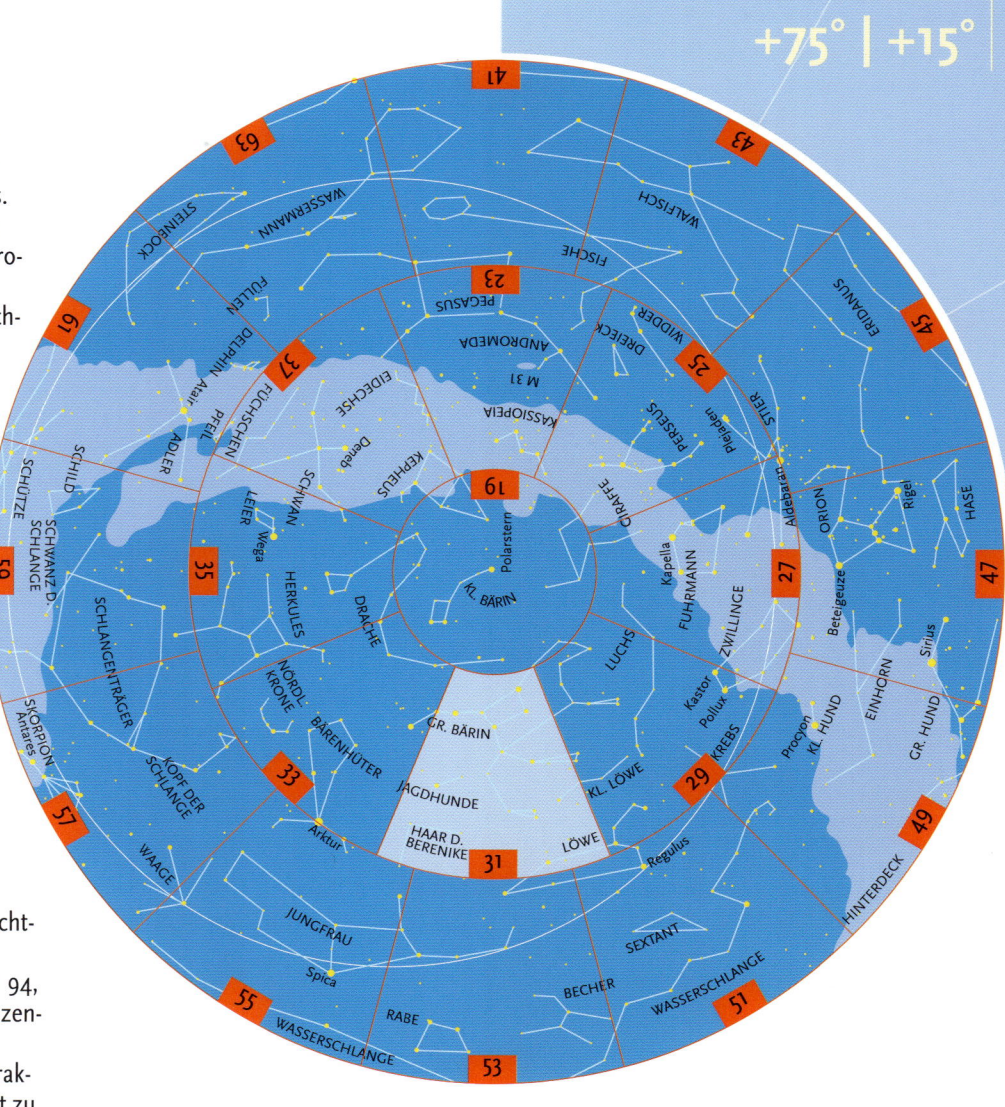

A uf den ersten Blick fällt in dieser Himmelsgegend der Große Wagen auf, der mitten im
Bild steht. Als Orientierungshilfe ist er überaus nützlich – z. B. kann man durch die Verlängerung der Hinterachse nach oben (bezogen auf die Wagenräder) den Polarstern finden
und mithin die genaue Nordrichtung.

Diese sieben hellen Sterne, die bei uns als Großer Wagen bekannt sind, bilden jedoch nur
einen kleinen Teil eines der größten Sternbilder, der Großen Bärin. Obgleich diese sieben
Sterne in fast allen nördlichen Kulturkreisen als Gruppe zusammengefasst werden, ist die
Vielfalt der Deutungen doch enorm: Bei den Römern waren es sieben Ochsen, die von Arktur
um den Polarstern getrieben werden. Die nordamerikanischen Navaho-Indianer stellten sich
vor, dass Schwarzgott, einer der Schöpfer, zur Verschönerung des dunklen Himmels ein paar
funkelnde Kristalle hochwarf. Nachdem er den Polarstern geschaffen hatte, fügte er zuerst
sieben Sterne hinzu, die Männer verkörpern (unseren Wagen). Es folgten auf der anderen
Seite des Pols weitere fünf, die Frauen verkörpern – wir kennen sie als das Sternbild Kassiopeia. Schließlich folgten noch ein paar kleine (Kinder darstellend), die heute Plejaden genannt werden. Allgemein betrachten die Angelsachsen unseren Wagen als „Big Dipper", den
großen Schöpflöffel. Die internationale Bezeichnung lehnte man schließlich an die antike an.
Bei den Griechen sollte die nördlichste Himmelsgegend nach jenem Tier benannt werden,
das ihrer Meinung nach als einziges das Land im hohen Norden der Erde (die Arktis) be-
wohnt. Man wollte also Bären um den Himmelsnordpol gruppieren.

Eine andere Deutung für den Bärenhüter erzählt, dass er die Bärinnen selbst im Zaum halten
soll. An ihm war es aufzupassen, dass sie ohne Rast und Abwege immer den Pol umlaufen.
Die Göttin Hera wollte sie bestrafen, indem sie niemals das Meer (den Horizont) berühren
sollten, um etwa zu trinken oder sich durch ein Bad zu erfrischen. Tatsächlich sind beide
Bärinnen in unseren Breiten zirkumpolar. Sie erreichen also niemals den Horizont und kreisen
ewig um den Pol. Unter anderem aus diesem Grund sind die „himmlischen Bärinnen" so
wichtig für die Orientierung.

Im Sternbild der Jagdhunde (Canes Venatici), die Arkas an den Leinen hält, trägt der Stern α
den Namen Cor Caroli, das Herz Charles'. Dieser Name stammt aus dem Angelsächsischen
und beruht auf einer Legende um Charles II. von England. Da er eines Tages von der Jagd
nicht zurückkehrte, soll er von seinen eigenen Hunden zerfleischt worden sein.

DRACHE

M 82
M 81

24 ρ
Muscida ο

α
Thuban

α Dubhe

GROSSE BÄRIN

υ

M 101

Alcor (80)
ζ Mizar Alioth ε δ Megrez

Merak β φ

Sarir ϑ

M 97

Benetnasch η Phekda γ

M 51

Al Kaphrah χ

ψ λ Tania borealis

μ Tania australis

M 94 β

α Cor Caroli NGC 4244 β 21

α KLEINER LÖWE

JAGDHUNDE

NGC 4631
NGC 4656/7

M 3

β 41 γ

NGC 4565

LÖWE ζ

HAAR DER
BERENIKE γ

M 64 Zosma

δ Al Gieba

M 53

α Diadem

NGC 5053 Chort ϑ

Denebola NGC 3628
β

Bärenhüter und Nördliche Krone

Januar   Februar   März   **April**   **Mai**   **Juni**   **Juli**   August   September   Oktober   November   Dezember

Galaxie M 101

Diese 5°,5 östlich von Mizar (ζ UMa) gelegene Galaxie ist eine der schönsten Spiralgalaxien am Himmel. Die Spiralstruktur ist gut zu erkennen, da wir fast senkrecht „von oben" auf diese Galaxie blicken. In größeren Fernrohren zeigen die Spiralarme unzählige Knoten, die zum Teil separate NGC-Nummern erhielten. Neuere Entfernungsmessungen mit Cepheiden-Veränderlichen ergaben einen Wert von ca. 27 Millionen Lichtjahren. Daraus folgt, dass M 101 mit 170.000 Lichtjahren fast den doppelten Durchmesser unserer Milchstraße besitzt.

Galaxie M 102

Als Charles Messier seinen Katalog in den Jahren 1754 bis 1781 zusammenstellte, übernahm er auch einige Objekte, die nicht von ihm selbst, sondern von seinem Kollegen Pierre Méchain beobachtet worden waren. Die Galaxie M 102 war zunächst eines dieser Objekte, wurde aber im Jahr 1783 von Méchain selbst als Fehleintrag bezeichnet, nachdem er zu der Überzeugung gelangt war, dass es sich bei M 101 und M 102 um ein und dasselbe Objekt handelte. Obgleich das Problem damit erledigt schien, gibt es einige Hinweise, dass M 102 vielleicht doch real war – schließlich waren sowohl Messier als auch Méchain erfahrene Beobachter. Vielfach wird daher angenommen, dass M 102 in Wirklichkeit die 6′,6 x 3′,2 große und 9ᵐ,9 helle Galaxie NGC 5866 im Sternbild Drache ist. Letztlich wird es aber ein Geheimnis bleiben, welches Objekt Méchain wirklich sah.

Galaxie NGC 5907

Dieses Objekt gehört zusammen mit NGC 4565 (S. 52) und NGC 891 (S. 24) zu den schönsten edge-on-Galaxien. Im Gegensatz zu M 101 sehen wir NGC 5907 nahezu von der Kante. Westlich des langgezogenen Kerns sieht man in größeren Fernrohren (ab 40 cm Durchmesser) ein schmales, dunkles Staubband. Kleinere Fernrohre zeigen eine dünne, 7′ x 0′,5 große Spindel.

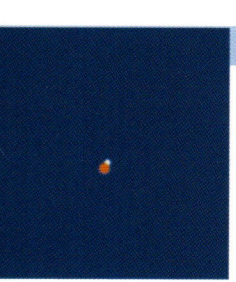

Doppelstern ε Boo

Der Doppelstern ε Boo ist ein gutes Testobjekt, um die Auflösung von Fernrohren ab 8 cm Objektivdurchmesser zu prüfen. Theoretisch sollte das Paar mit einem Abstand von 2,9 Bogensekunden (″) bereits in einem 50-mm-Teleskop getrennt werden; wegen des relativ großen Helligkeitsunterschieds (2ᵐ,7/5ᵐ,1) wird der schwächere, weiße Begleiter jedoch vom helleren, orangefarbenen Hauptstern überstrahlt.

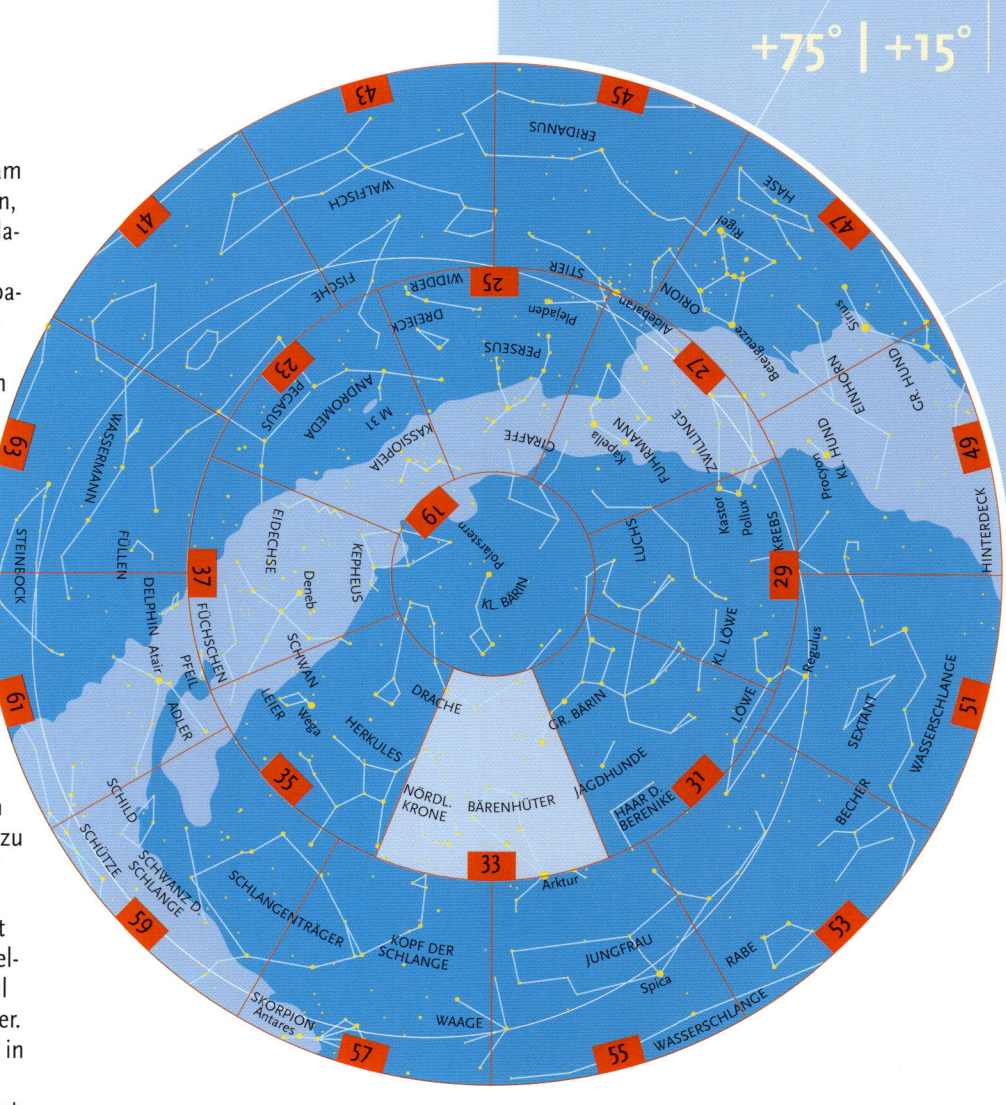

+75° | +15°

Die nordwestliche Ecke der Karte zeigt die Deichsel des Großen Wagens. Zentral im Bild erblickt man das Frühlingssternbild Bootes, auch Bärenhüter genannt. Zur Orientierung kann man die Deichsel des Großen Wagens als Beginn eines Halbkreises betrachten. Führt man diesen weiter nach Süden, so gelangt man zu Arktur, dem hellsten Stern im Bootes. Eine weitere Verlängerung über Arktur hinaus verweist auf den strahlend weißen Stern Spica in der Jungfrau (Virgo). Arktur ist der vierthellste Stern des Himmels und besticht außerdem durch sein orangefarbenes Licht. An Frühlings- und Sommerabenden ist er als einer der ersten Sterne in der Dämmerung sichtbar. Sein strahlend goldener Glanz verlieh ihm schon früh einen Eigennamen. Im heutigen, griechischen Namen ist der Bezug zur Großen Bärin ersichtlich, mit der er zeitweise identifiziert wurde. Nekkar, der Gräber oder Pflüger, für β Boo ist hingegen der arabische Name für das gesamte Sternbild.

Neben dem Bootes kündigt Corona Borealis (die Nördliche Krone) schon die Sommersternbilder an. Dieser Sternenring ist am Himmel ziemlich auffällig, soll jedoch erst an späterer Stelle (S. 56) beschrieben werden.

Der Drache schlängelt sich zwischen den Bärinnen entlang, um dann über seinem Bezwinger Herkules das gewaltige Maul aufzusperren. Da er sich etwa halbkreisförmig um den Pol windet, erstreckt sich der Drache über mehrere Karten und wird daher ebenfalls erst später (S. 34) beschrieben.

Einer der ergiebigsten Meteorströme des Jahres, die Quadrantiden, hat seinen scheinbaren Ursprung, den so genannten Radianten, etwa in der Mitte zwischen β Boo und η Dra. Das Maximum ereignet sich allerdings in den ersten Januartagen, die bei uns häufig sehr kalt sind. Dies ist wohl einer der wichtigsten Gründe für die eher geringe Popularität der Quadrantiden. Viel bekannter sind die eigentlich nicht ganz so ergiebigen Perseiden. Dieser sommerliche Strom hat sein Maximum schließlich Mitte August; zu einer Jahreszeit also, zu der man abends auch gern lange draußen ist und die laue Sommernacht genießt.

Übrigens sind Meteore (Sternschnuppen) in jeder (klaren) Nacht zu sehen. Sie entstehen dadurch, dass die Erde auf ihrer Bahn um die Sonne kleine Teilchen des interplanetaren Materials trifft, die in der Lufthülle verglühen. Die Teilchen besitzen zwar oft nur Staubkorngröße, kommen aber in großer Menge vor. Zu Zeiten besonders starker Ströme trifft die Erde auf bekannte „Staubwolken", die meist von Kometen verursacht wurden.

Drache, Herkules und Leier

Sternhaufen M 13

Dieser 22.000 Lichtjahre entfernte Kugelsternhaufen im Herkules ist der hellste und bekannteste Vertreter seiner Art am Nordhimmel. Er wurde im Jahre 1714 von Edmond Halley entdeckt. In dunklen Nächten fernab der Großstadt kann man ihn bereits mit bloßem Auge als verwaschenen Lichtfleck zwischen den Sternen η und ζ Her erkennen. Im Fernrohr zeigt sich M 13 als ein Meer aus unzähligen Sternen. Insgesamt enthält er mehrere hunderttausend Sterne. Wie alle Kugelsternhaufen ist auch M 13 sehr alt; die Schätzungen liegen zwischen 10 und 20 Milliarden Jahren.

Sternhaufen M 92

Ebenfalls im Sternbild Herkules liegt der Kugelsternhaufen M 92, der wegen seiner Nähe zum helleren Nachbarn M 13 allerdings gerne in Vergessenheit gerät. Dabei ist M 92 mit einer Helligkeit von $6{,}^m4$ nur wenig schwächer als der $5{,}^m8$ helle M 13. Aufgrund seines geringeren Durchmessers erscheint M 92 deutlich konzentrierter.

Doppelstern ε Lyr

Etwa 2° nordöstlich von Wega liegt dieser Doppelstern 4. Größenklasse und 208″ Distanz, den man – gute Augen vorausgesetzt – schon ohne optische Hilfsmittel trennen kann. Jeder der beiden als ε_1 und ε_2 bezeichneten Sterne ist wiederum ein Doppelstern. Um diese Paare mit $2{,}''6$ bzw. $2{,}''3$ Abstand zu trennen, benötigt man ein Fernrohr mit mittlerer bis hoher Vergrößerung und eine ruhige Atmosphäre. Die Entfernung zu ε Lyr beträgt 180 Lichtjahre.

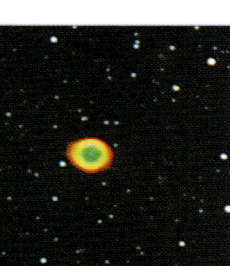

Planetarischer Nebel M 57

Fast genau auf halber Strecke zwischen β und γ Lyr liegt der berühmte Ringnebel. Auf der Sternkarte erkennt man mit etwas Mühe einen Stern 9. Größenklasse, der sich im Fernrohr ab 50facher Vergrößerung als kleines Scheibchen zeigt. Ab 15 bis 20 cm Teleskopdurchmesser ist dann die typische Ringform zu erkennen. Für den Zentralstern 15. Größenklasse ist allerdings noch mehr Öffnung erforderlich.

Sternhaufen M 56

Mit einer Helligkeit von $8{,}^m3$ gehört M 56 nicht gerade zu den hellsten Kugelsternhaufen in Messiers Katalog. Ein Blick dorthin lohnt sich aber dennoch, denn M 56 befindet sich in einer sternreichen Gegend am Rande der Sommermilchstraße. Der wahre Durchmesser von M 56 wird auf 60 Lichtjahre geschätzt.

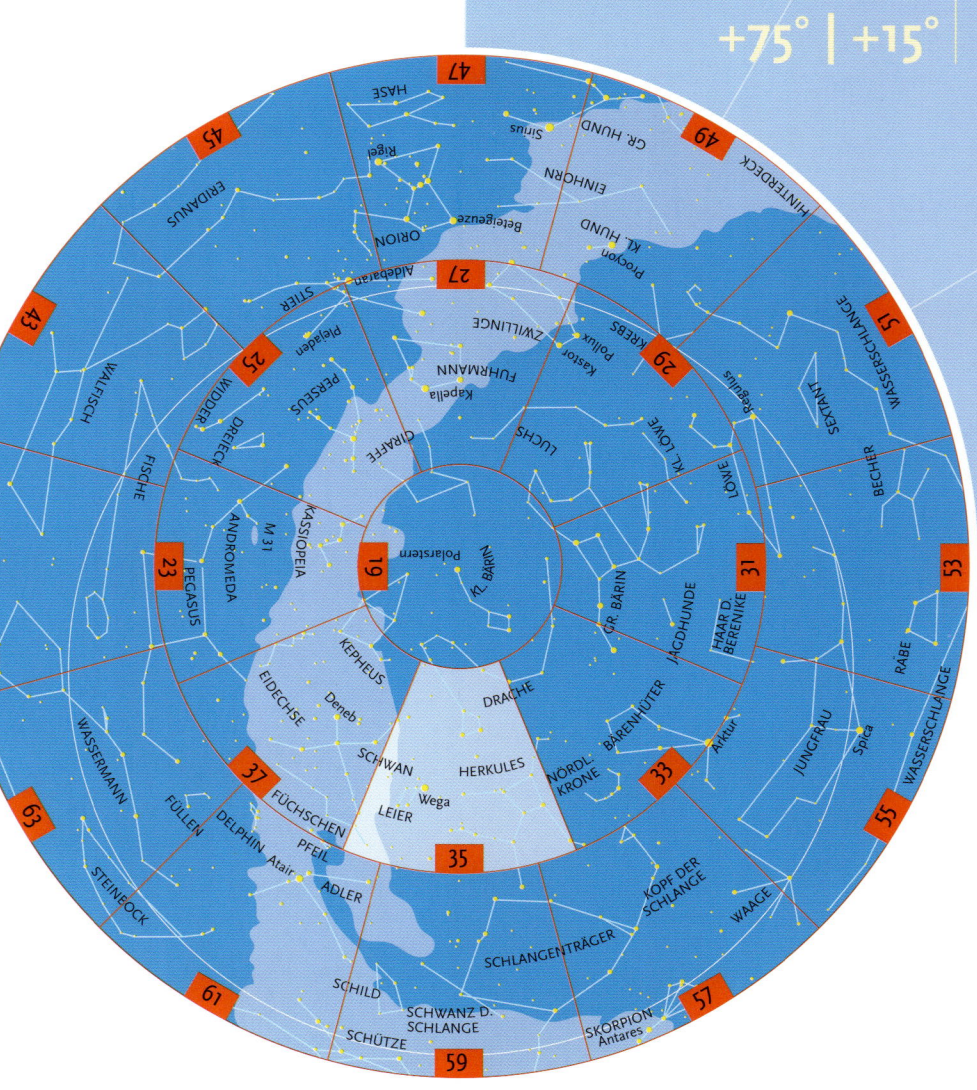

+75° | +15°

Die Sommersternbilder Herkules und Leier (Lyra) füllen den unteren Teil der Karte aus. Der Drache beugt sich von Norden her über den Helden Herkules, der ihn besiegt hat. Thuban, der Name des hellsten Sterns im Drachen, ist das arabische Wort für das ganze Sternbild; Rastaban für β Draconis bedeutet Drachenkopf. Jedoch heißt dieser Stern manchmal auch Alwaid, die Kamelmutter, was noch auf die frühe arabische Interpretation hinweist. Auch die Perser dachten sich hier ein Menschen fressendes Schlangenwesen; bei den Hindu war es in der Frühzeit ein Alligator.

Die griechische Mythologie berichtet, der Drache sei durch Hera an den Himmel versetzt worden, nachdem Herkules ihn getötet hatte. Der elfte seiner zwölf Aufträge war es, die Goldenen Äpfel der Hesperiden, der Töchter der Nacht, zu stehlen. Sie waren ein Hochzeitsgeschenk der Göttin der Erde, Gaia, an ihre Kinder Zeus und Hera. Letztere hatte daher den furchtbaren Drachen Ladon zu ihrer Bewachung geschickt. Doch Herakles (so der griechische Name des Helden) war stärker als seine Erzfeindin Hera geglaubt hatte und besiegte auch diese Kreatur. Der Held selbst wurde nach seinen vielen glorreichen Taten auf Erden von seinem Vater Zeus ebenfalls an den Himmel versetzt.

Klassisch hieß die Figur nicht immer Herkules; geschaffen wurde dieses Sternbild mit mehreren Namen. Mal war es Saltator, der Springer, und ein anderes Mal Charops, der Scharfäugige, oder Clavator, „Der, der die Keule schwingt". Der Name des berühmten Helden Herkules steht nun als Synonym für all diese verschiedenen Titel. Die arabische Bezeichnung des hellsten Sternes, Ras Algethi, bedeutet „Kopf des Knienden". Jedoch ist dies nur ein Versuch der Übersetzung vom Griechischen ins Arabische. Dort stand dieser Stern nämlich eigentlich für Al Kalb al Rai, den Schäferhund.

Mit der direkt nach Osten angrenzenden Leier ist auch das göttliche Musikinstrument am Himmel verewigt. Der geistesschnelle Gott Hermes soll es erfunden haben – und das schon kurz nach seiner Geburt. Als Neugeborener schlich er sich zu einem Streifzug von der erschöpften Mutter fort, um die Gegend zu erkunden. Dabei stieß er auf eine Herde weißer Kühe seines Bruders, des strahlenden Gottes Apollon. Hermes stahl die Herde und opferte eine der Kühe den Göttern, zu denen er sich auch selbst zählen wollte. Aus dem Kuhdarm formte er die Lyra, die er gegen den Hirtenstab des Apoll eintauschte, um von nun an Gott der Hirten, Wanderer und aller Reisenden zu sein.

Kepheus, Schwan und Füchschen

+75° | +15°

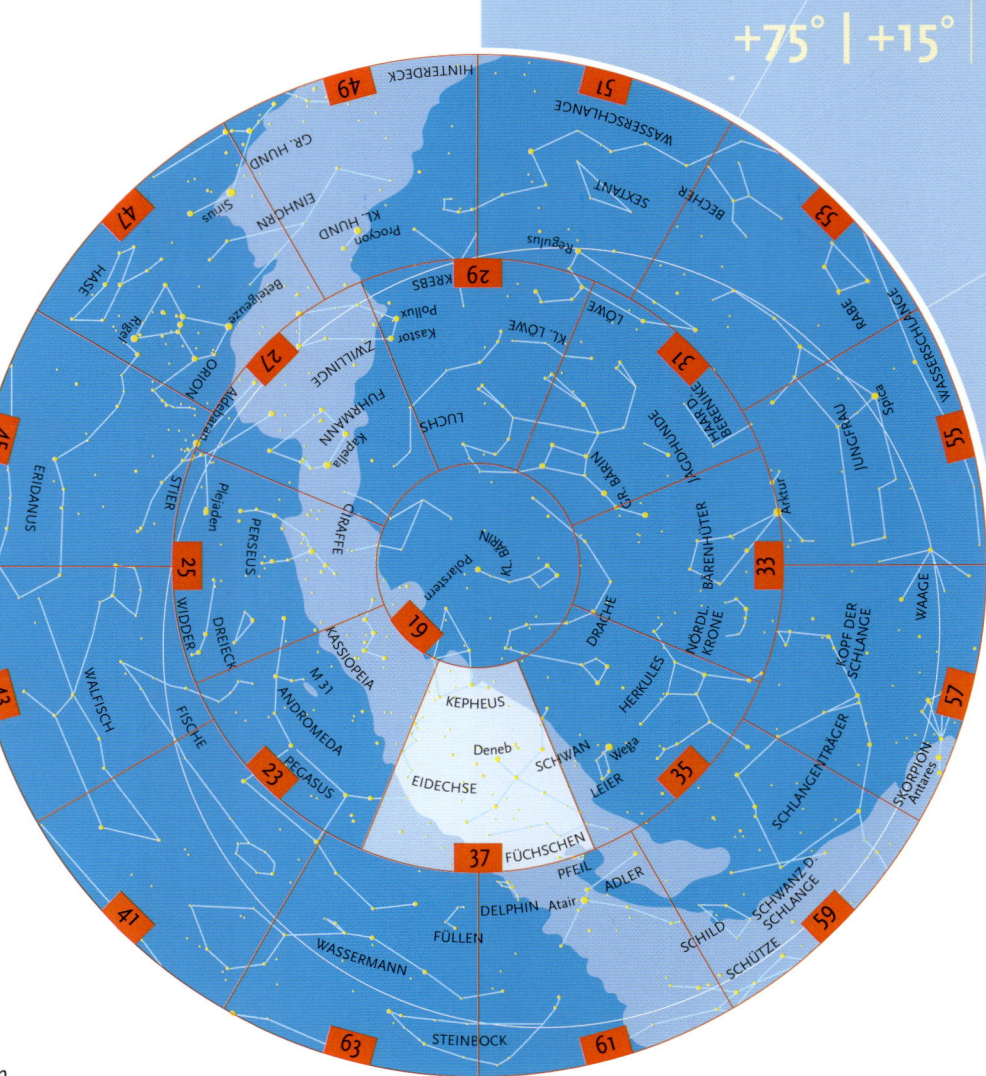

Gasnebel um NGC 7000

Der 3° westlich von Deneb im Sternbild Schwan gelegene Nordamerika-Nebel erhielt seinen Namen vom Heidelberger Astronom Max Wolf, da seine Umrisse mit verblüffender Ähnlichkeit denen des nordamerikanischen Kontinents entsprechen.

Den besten Anblick des Nordamerika-Nebels hat man im Feldstecher oder mit einem schwach vergrößernden Teleskop (ca. 30 x). Bei stärkerer Vergrößerung passt die Region mit ihrem Durchmesser von 2° nicht mehr in das Gesichtsfeld. Westlich von NGC 7000 liegt der schwächere Pelikan-Nebel.

Gasnebel um γ Cygni

Eine weitere ausgedehnte Region roter Gasnebel befindet sich um den Stern Sadir (γ Cyg). Der hellste Teil (IC 1318) liegt nordöstlich des Sterns und wird auch Schmetterlingsnebel (engl. „Butterfly Nebula") genannt.

Gasnebel NGC 6960

Der Cirrus-Nebel (im Englischen auch „Veil Nebula" genannt) ist ein äußerst sehenswerter Supernovaüberrest. Um die feinen, wolkenartigen Strukturen zu erkennen, empfiehlt sich ein Fernrohr mit mindestens 1° Gesichtsfeld und ein Nebelfilter zur Unterdrückung von Streulicht. Der mit NGC 6960 bezeichnete Teil des Nebels verläuft in Nord-Süd-Richtung knapp östlich an 52 Cyg vorbei, der allerdings nur ein Vordergrundstern ist und keine physikalische Verbindung zum Cirrus-Nebel besitzt. Etwa 2°,5 nordöstlich davon befinden sich mit NGC 6992/5 die hellsten Teile des Nebels.

Sternhaufen M 39

Dieser lockere offene Sternhaufen, der ein ideales Feldstecherobjekt ist, liegt etwa auf halber Strecke zwischen δ Cep und Deneb. Er besteht aus ca. 30 Sternen innerhalb eines Durchmessers von einem halben Grad und befindet sich inmitten eines sternreichen Teils der Milchstraße. Südöstlich davon liegt ein Schlauch aus Dunkelwolken mit dem lichtschwachen Cocoon-Nebel an deren Ende.

Doppelstern Albireo

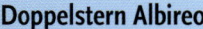

Nach Alkor/Mizar in der Großen Bärin ist Albireo (β Cyg) der wohl bekannteste Doppelstern. Mit einer Distanz von 34″ ist er auch in kleinen Fernrohren leicht zu trennen. Auffallend ist der schöne Farbkontrast zwischen dem orangefarbenen Hauptstern und dem blauen Begleiter.

Wega, der hellste Stern im Sternbild Leier (Lyra) und sogar der fünfthellste des Himmels überhaupt, ist der westliche Stern des Sommerdreiecks. Gemeinsam mit Deneb im Schwan (Cygnus) und Atair im Adler (Aquila) bildet er das Sommerdreieck, ein großräumiges, fast gleichschenkliges Dreieck. Wega ist auf der vorangegangenen Karte zu sehen, Deneb nun in diesem Bild. Der Schwan wird aufgrund seiner Form im christlichen Kulturkreis auch das „Kreuz des Nordens" genannt. Natürlich kann man hier aber auch einen Schwan erkennen, der über der Milchstraße entlangfliegt. Der große weiße Vogel entführte die schöne Königin Leda von Sparta für den Göttervater Zeus, weshalb er ihn zum Dank an den Himmel setzte. Da das Sternbild sich genau längs der Milchstraße erstreckt, enthält es eine Fülle von interstellaren Gaswolken, so genannten Nebeln. Auf dem Foto ist der großflächige Nordamerika-Nebel östlich von Deneb deutlich erkennbar. Am Himmel erscheint dieser Nebel für das bloße Auge jedoch so schwach, dass man ihn bestenfalls unter sehr dunklem Himmel mit einem Fernglas sehen kann.

Für den Eigennamen des bekannten Doppelsterns β Cyg, Albireo, wird fälschlicherweise oft ein arabischer Ursprung angenommen. Tatsächlich wurde der Name Albireo erst im 16. Jahrhundert aus einem Missverständnis geboren. Die Araber selbst nannten ihn Al Minhar al Dajajah, den Schnabel des Vogels; dieser Name passt ja auch fantastisch zu seinem Platz am Kopf des Schwans. Der Stern π Cyg trägt oft den Namen Azelfafage. Dieser hingegen leitet sich tatsächlich aus dem Arabischen ab, die deutsche Übersetzung bedeutet „Pferdehuf". Damit ist entweder die Spur des Pegasus gemeint oder die des Füllen (Equuleus), das sich nach Osten hin anschließt.

Dort, wo sich die Milchstraße unter dem Schwan in zwei Arme gabelt, befindet sich zwischen den altbekannten Sternbildern eine Lücke. Solcher sternbildfreien Zonen nahm sich Hevelius an, indem er sie mit neuen Figuren füllte. In diesem Fall setzte er einen „Fuchs mit einer Gans" ein. Aber wie schon beim Luchs ist auch hier seine Bezeichnung ein wenig merkwürdig: Hevelius meinte, dass der Fuchs ein schlaues, gefräßiges aber dadurch auch grausames Tier sei und damit vom Zusammenhang her gut zum Adler passe. Nur bei Flamsteed sieht man beide Figuren aufgegriffen, denn das Doppelsternbild verwandelte sich bald allgemein zum Füchslein (Vulpecula). Am Himmel sind die beiden Raubtiere jedoch durch den Pfeil (Sagitta) getrennt, der an späterer Stelle beschrieben wird.

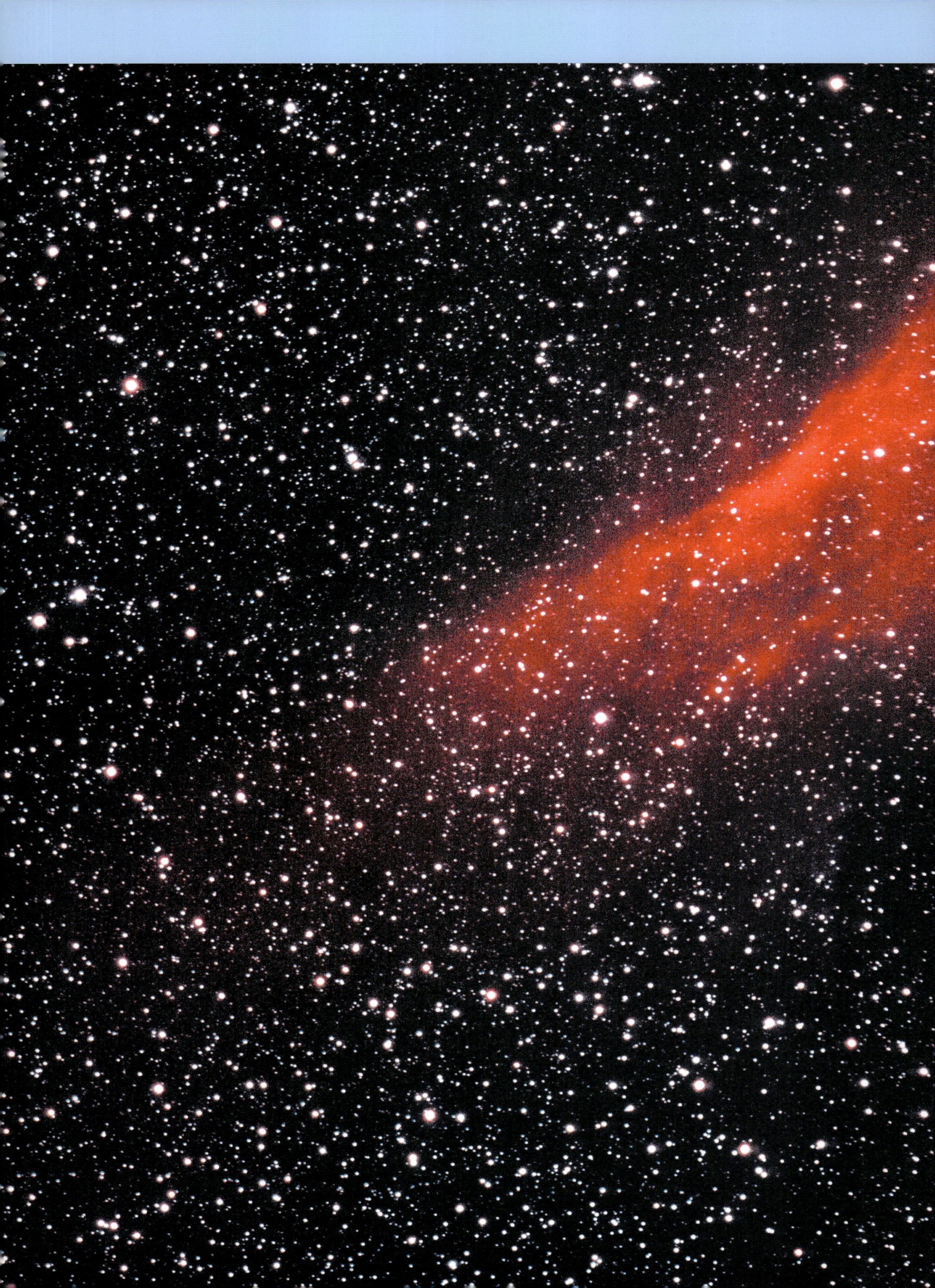

Der California-Nebel

Als rot leuchtende Gaswolke scheint der California-Nebel gleichsam im Raum zu schweben – hier leuchtet interstellarer Wasserstoff, der von einem heißen Stern ionisiert wurde. Dreht man das Bild um seinen Mittelpunkt, so zeigen sich verschiedene Figuren: Nach einer Rechtsdrehung erscheint der Nebel wie ein Komma, nach einer Linksdrehung hat er Ähnlichkeit mit dem US-Bundesstaat Kalifornien, nach dem er benannt wurde. Für das freie Auge ist der Nebel unsichtbar und wurde erst auf Fotografien von E. Barnard und F. S. Archenhold entdeckt. Heute genügt die Ausrüstung eines Hobby-Astronomen, um diese historische Leistung nachzuvollziehen.

Pegasus, Fische und Wassermann

+30° | -30°

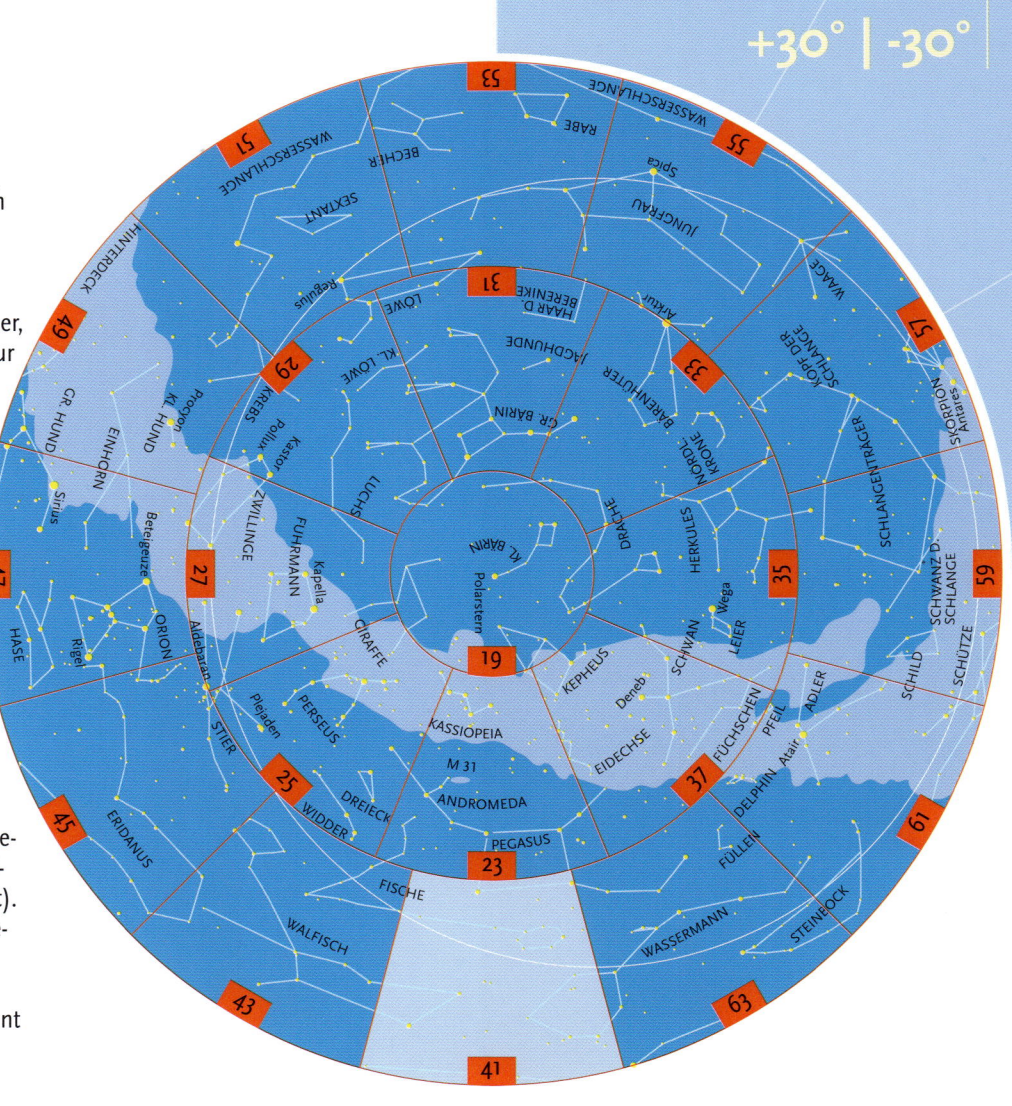

Galaxie NGC 253

Der im Englischen oft „Silver Dollar Galaxy" genannte Spiralnebel ist eine der schönsten Galaxien am Himmel. Wenn NGC 253 dennoch nicht den Bekanntheitsgrad des Andromeda-Nebels (M 31) oder von M 81 in der Großen Bärin besitzt, so liegt dies an der relativ südlichen Lage von NGC 253 im Sternbild Bildhauer, die eine Beobachtung von Mitteleuropa aus nur bei guter Horizontsicht zulässt. Im Fernrohr erkennt man eine 22′ x 6′ große Spindel mit zahlreichen hellen und dunklen Knoten. Die Galaxie gehört zur ca. 10 Millionen Lichtjahre entfernten Sculptor-Galaxiengruppe, dem der Lokalen Gruppe am nächsten gelegenen Galaxienhaufen. Ein weiteres Mitglied des Haufens ist die 5° nördlich gelegene Galaxie NGC 247, und 1°,7 südöstlich befindet sich der Kugelsternhaufen NGC 288.

Planetarischer Nebel NGC 246

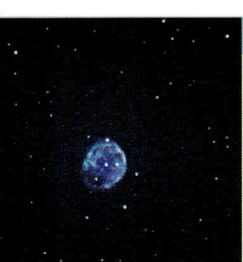

Ein mit fast 4′ Durchmesser recht großer Planetarischer Nebel befindet sich im Sternbild Walfisch, ca. 6° nördlich des Sterns Diphda (β Cet). Die Struktur dieses Sternenrests ist recht unregelmäßig, so dass sein Nord- und Westrand deutlich schärfer erscheint als sein Süd- und Ostrand. Genau in der Mitte des Nebels erkennt man den Zentralstern 12. Größenklasse.

Galaxie NGC 157

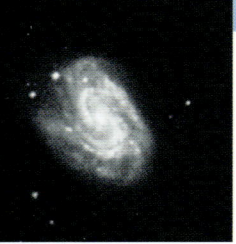

Eingerahmt zwischen zwei Sternen 8. und 9. Größenklasse liegt die 11ᵐ "helle" Galaxie NGC 157. Ein 20-cm-Fernrohr zeigt eine ovale Scheibe mit einem hellen Zentrum. Im NGC-Katalog selbst wird die Galaxie als „ziemlich hell, groß und ausgedehnt" beschrieben.

Galaxie NGC 7814

Ungefähr 2°,5 nordwestlich von Algenib (γ Peg) liegt diese relativ helle, 10′,6 x 2′,5 große Galaxie. Obwohl wir fast genau auf ihre Kante schauen, ist NGC 7814 nicht so schmal und lang gestreckt wie z. B. NGC 4565 (s. S. 52). Das dünne Staubband ist allerdings nur auf Fotografien mit großen Teleskopen erkennbar.

In diesem Himmelsausschnitt sieht man das große, fast rechteckige Pegasus-Viereck. Im Herbst stellt es eine sehr gute Orientierungshilfe am Himmel dar, wenn es hoch über unserem Horizont steht. Der nordöstliche Stern, Alpheratz, gehört eigentlich gar nicht mehr zum Pegasus, sondern zur Andromeda. Er trägt auch den Namen Sirrah, denn beide leiten sich von dem ursprünglich arabischen Namen „al Surrat al faras" ab. Aus der Übersetzung „Nabel des Pferdes" lässt sich leicht ablesen, dass der Stern früher zum Pegasus zählte. Verlängert man die Verbindungslinie von Alpheratz und Algenib nach Süden, so gelangt man in das Sternbild der Fische. Dies besteht zwar ausschließlich aus recht schwachen Sternen, beheimatet aber den berühmten Frühlingspunkt. Man findet ihn etwa in der Verlängerung der genannten Linie, indem man den Abstand der beiden Sterne noch einmal über Algenib hinaus verlängert. Der Frühlingspunkt wird auch Widderpunkt genannt, was darauf schließen lässt, dass er sich nicht immer in den Fischen befunden haben kann. Aufgrund einer Drehung der Erdachse verändert sich langsam die Position des Frühlingspunktes relativ zu den Sternen (s. auch S. 18). Vor etwa 2000 Jahren trafen Himmelsäquator und Ekliptik noch im Widder aufeinander, heute schneiden sie sich in den Fischen, und anschließend wird der Frühlingspunkt in das Sternbild Wassermann wandern. Ein vollständiger Umlauf durch den Tierkreis wird „Platonisches Jahr" genannt. Der Frühlingspunkt ist der Nullpunkt der Himmelskoordinate Rektaszension (die Projektion der geographischen Länge an die Himmelskugel). Als Folge der Kreiselbewegung der Erdachse verschiebt sich auch dieses Koordinatensystem geringfügig, weshalb man für sehr genaue Positionsangaben immer den Zeitpunkt (die so genannte Epoche, zur Zeit üblich ist 2000.0) nennen muss.

Das unscheinbar wirkende Sternbild der Fische ist für den christlichen Kulturkreis eines der bedeutendsten. Schließlich ist eine weit verbreitete Interpretation des „Weihnachtssterns" von Bethlehem eng mit diesem Bild verknüpft. Die beiden Fische liegen zwar räumlich sehr weit voneinander getrennt, sind aber durch ein langes Band verbunden. Die Griechen deuteten es zuweilen als Band der innigen Liebe zwischen Mann und Frau oder auch als Band der Mutterliebe, insbesondere der Göttin Aphrodite (Venus) zu ihrem Sohn Eros. Der eine Fisch ist als Sternenring unterhalb des Pegasus relativ eindeutig identifizierbar. Etwas östlich, unterhalb von δ Psc, steht einer der kleinsten uns bekannten Sterne: „van Maanens Stern", ein Weißer Zwerg.

Fische, Walfisch und Widder

+30° | -30°

Galaxie M 74

Diese 10,́2 x 9,́5 große Galaxie ist eines der wenigen Messier-Objekte in einer Gegend, die ansonsten eher arm an Attraktionen ist. In kleineren Teleskopen erkennt man nur den hellen, diffusen Kern, während größere Fernrohre (ab 25 cm Durchmesser) auch die Spiralarme zeigen. M 74 ähnelt der Galaxie M 33 im Sternbild Dreieck (s. S. 22), ist aufgrund der mit 35 Millionen Lichtjahren 12-mal größeren Entfernung aber deutlich kleiner und lichtschwächer.

Galaxie M 77

Nur ein knappes Grad südöstlich von δ Cet liegt dieser interessante Spiralnebel. Anhand von Spektren fand man heraus, dass Gaswolken mit Geschwindigkeiten von mehreren 100 km/s aus dem Kern herausgeschleudert werden. Hinter diesem Phänomen steckt, wie auch in anderen aktiven Galaxien, ein sehr massereiches Zentralobjekt (möglicherweise ein Schwarzes Loch), das Materie aus seiner Umgebung aufsaugt, wobei große Energiemengen frei werden. Zur Gruppe von M 77 gehören noch weitere Galaxien in der näheren Umgebung, so z. B. NGC 1055 und NGC 1087.

Stern Mira

Dem holländischen Astronom David Fabricius fiel im Jahr 1596 ein neuer Stern am Himmel auf. In Wirklichkeit handelt es sich hierbei um einen Veränderlichen Stern, dessen Helligkeit mit einer Periode von ungefähr 330 Tagen zwischen der 4. und 9. Größenklasse schwankt (s. Grafik). Gelegentlich werden auch hellere Maxima bis zur 2. Größenklasse beobachtet. Mira (o Ceti) ist der Prototyp einer ganzen Klasse von Sternen, die am Ende ihrer Entwicklung stehen und instabil geworden sind. In mehr oder weniger regelmäßigen Abständen blähen sie sich auf und ziehen sich anschließend wieder zusammen.

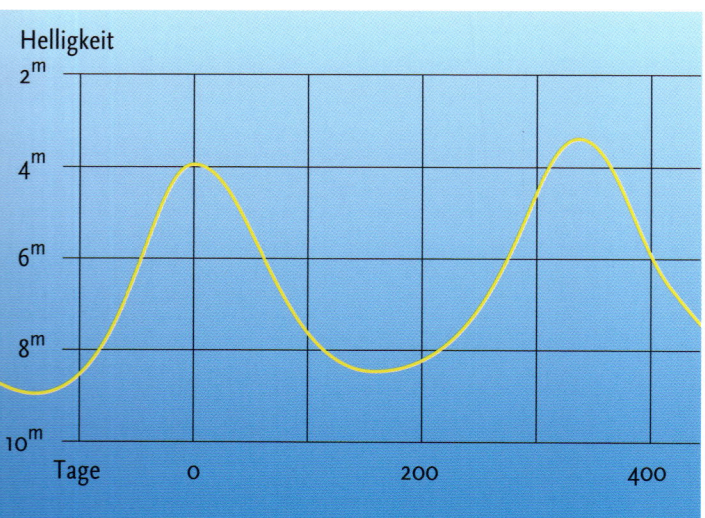

Helligkeit

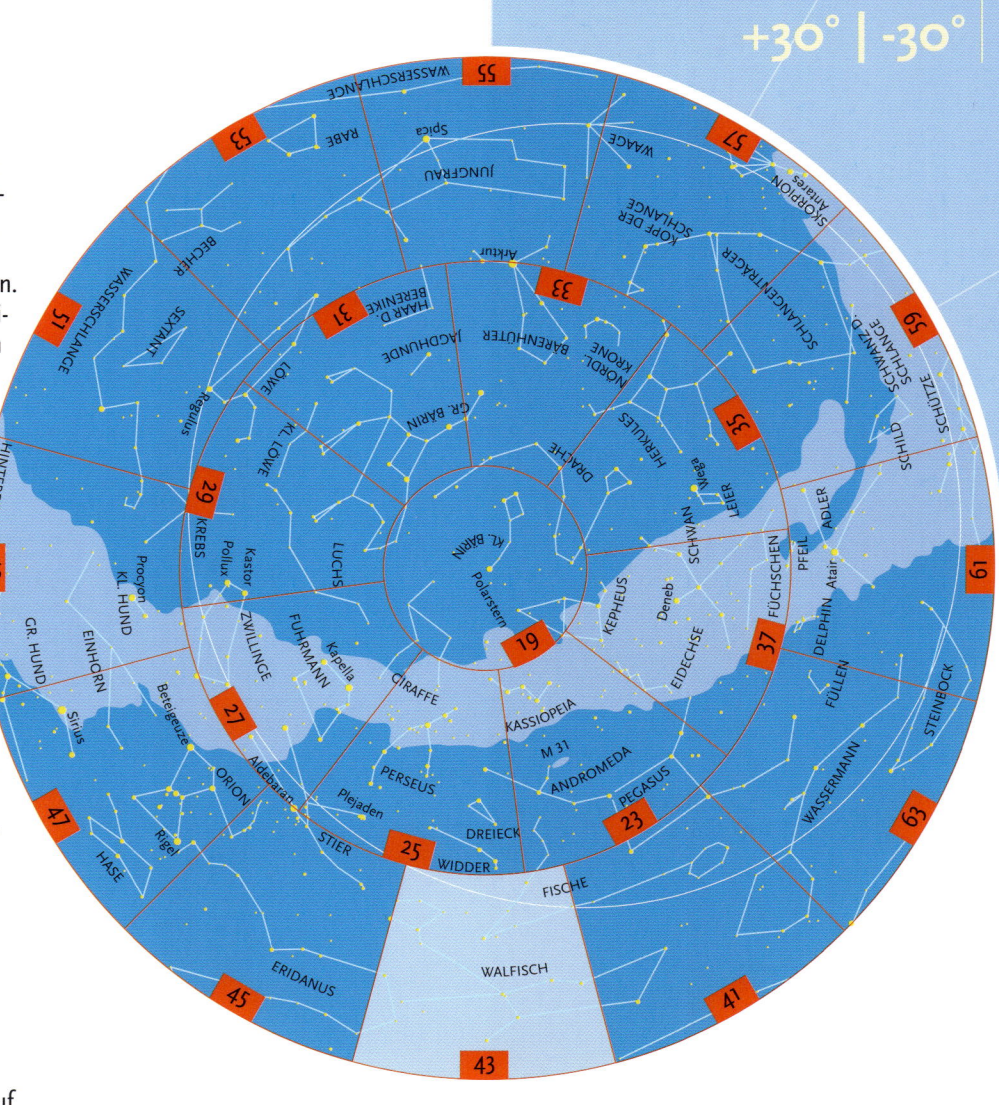

Das Sternbild der Fische (Pisces) ist sehr ausgedehnt. Die beiden kleinen Meeresbewohner haben zwar am Himmel einen beachtlichen Abstand, sind aber durch ein langes Band verbunden, das in der Mythologie unterschiedlich interpretiert wird. Im Zusammenhang mit der Weihnachtsgeschichte ist es sinnvoll, darin eine Nabelschnur zu sehen. Die Priesterastrologen aus dem biblischen Morgenland deuteten die Fische als Zeichen der Geburt. Jahreszeitlich betrachtet, entspricht der dortige Ort der Sonne zu Frühlingsbeginn einer Wiedergeburt der Natur. Das Muttertier, dem die Fische gerade entschlüpfen, ist der so genannte Walfisch (Cetus). Sogar der Name des Hauptsterns α Psc, Al Risha, die Kordel, unterstreicht die wichtige Bedeutung des Bandes. Dieser Name würde jedoch zu sehr vielen Sternen des Bildes passen. Insofern findet man in alten Karten oft diese oder ähnliche Bezeichnungen für verschiedene Sterne, bis man sie dem Stern ganz an der Spitze zuschrieb. Dabei sind γ und η Psc sogar noch heller als α. Möglicherweise ist η derjenige Stern, der das erste babylonische Tierkreis-Sternbild markierte. Bezeichnenderweise hieß schon dieses Bild Kullat Nunu, die Schnur des Fisches.

Die arabischen Namen der Sterne im Walfisch sind jedoch nicht unbedingt mit dem Namen des Bildes in Deckung zu bringen. Insbesondere heißt η Cet auch Deneb (Algenubi), also Schwanz, obwohl er von diesem weit entfernt ist. Den Schwanz bilden schließlich β und ι Cet. Dieser Fehler der Namensgebung zog aber nach sich, dass η Ceti manchmal versehentlich mit β verwechselt wird. Bei den Arabern trug β Cet ursprünglich den Namen Al Difdi al Thani, bzw. latinisiert Rana Secunda, der zweite Frosch, was sich heute in dem Namen Diphda widerspiegelt (in diesem Zusammenhang wäre Fomalhaut im Südlichen Fisch der erste Frosch).

Oberhalb des Walfisches erstreckt sich das kleine Sternbild Widder. Der gute Widder wurde zur Rettung der Königskinder Helle und Phrixos von ihrer leiblichen Mutter gesandt, denn ihre Stiefmutter war so voll von Hass auf die Kinder, dass sie ihnen heimtückisch nach dem Leben trachtete. Der Widder jedoch trug sie durch die Luft davon. Bei dem eiligen Flug stürzte das Mädchen jedoch in das Meer, das daher heute Hellespont heißt. Das Widderfell liegt als Goldenes Vlies in der Colchis, wohin der Widder den Buben brachte. Der Name Botein für δ Ari leitet sich von Batn, dem Bauch, ab und ist daher ein wenig irreführend – er markiert schließlich den Schwanz des Tieres.

Stier und Eridanus

Januar Februar März April Mai Juni Juli August September Oktober November Dezember

+30° | -30°

Sternhaufen Plejaden

Das so genannte „Siebengestirn" im Sternbild Stier ist der wohl schönste offene Sternhaufen am Himmel und taucht an 45. Stelle in Messiers Katalog auf. Schon mit bloßem Auge kann man mindestens sechs der hellsten Sterne erkennen, unter dunklem Himmel sogar neun. Das Alter des Haufens wird auf 100 Millionen Jahre geschätzt. Hätten die Dinosaurier bereits Astronomie betrieben, so wären sie Zeuge der Entstehung der Plejaden geworden (allerdings hätten sie dazu eine mehrere Jahrmillionen dauernde Beobachtungsreihe benötigt).

Sternhaufen Hyaden

Der „Kopf" des Stiers wird durch den Sternhaufen der Hyaden markiert. Obgleich diese den hellen Stern Aldebaran einzuschließen scheinen, sind sie in Wirklichkeit mit 150 Lichtjahren mehr als doppelt so weit entfernt. Alle Mitgliedssterne des Haufens bewegen sich mit der gleichen Geschwindigkeit von 43 km/s durch den Raum. Bedingt durch die Perspektive scheinen sich ihre Bahnen alle in einem Punkt des Himmels zu treffen. Dieser Effekt kann zur Entfernungsmessung verwendet werden.

Gasnebel IC 2118

Streng genommen gehört der bläuliche „Hexenkopf" (engl. „Witch Head Nebula") zum Sternbild Eridanus – seinen Ursprung hat er jedoch in Rigel, dem hellsten Stern des Orion. Dessen intensives Licht wird an einer 2,°5 westlich gelegenen Gas- und Staubwolke reflektiert. Um die charakteristische Hexenkopf-Form zu sehen, muss man das Bild so orientieren, dass Süden oben liegt.

Planetarischer Nebel NGC 1514

Viele Planetarische Nebel besitzen nur einen schwachen Zentralstern, der im Amateurfernrohr gar nicht oder nur mit Mühe zu erkennen ist. NGC 1514 besitzt hingegen einen mit 9,°5 so hellen Zentralstern, dass der Nebel im Glanz des Sterns ein wenig verblasst. Der Anblick von NGC 1514 veranlasste William Herschel (den Entdecker von Uranus) im Jahr 1790 dazu, seine Hypothese aufzugeben, dass Planetarische Nebel schwache, nicht mehr aufgelöste Ansammlungen von Sternen sind. Zu deutlich ist in diesem Fall die Verbindung zwischen Zentralstern und dem umliegenden Nebel zu erkennen.

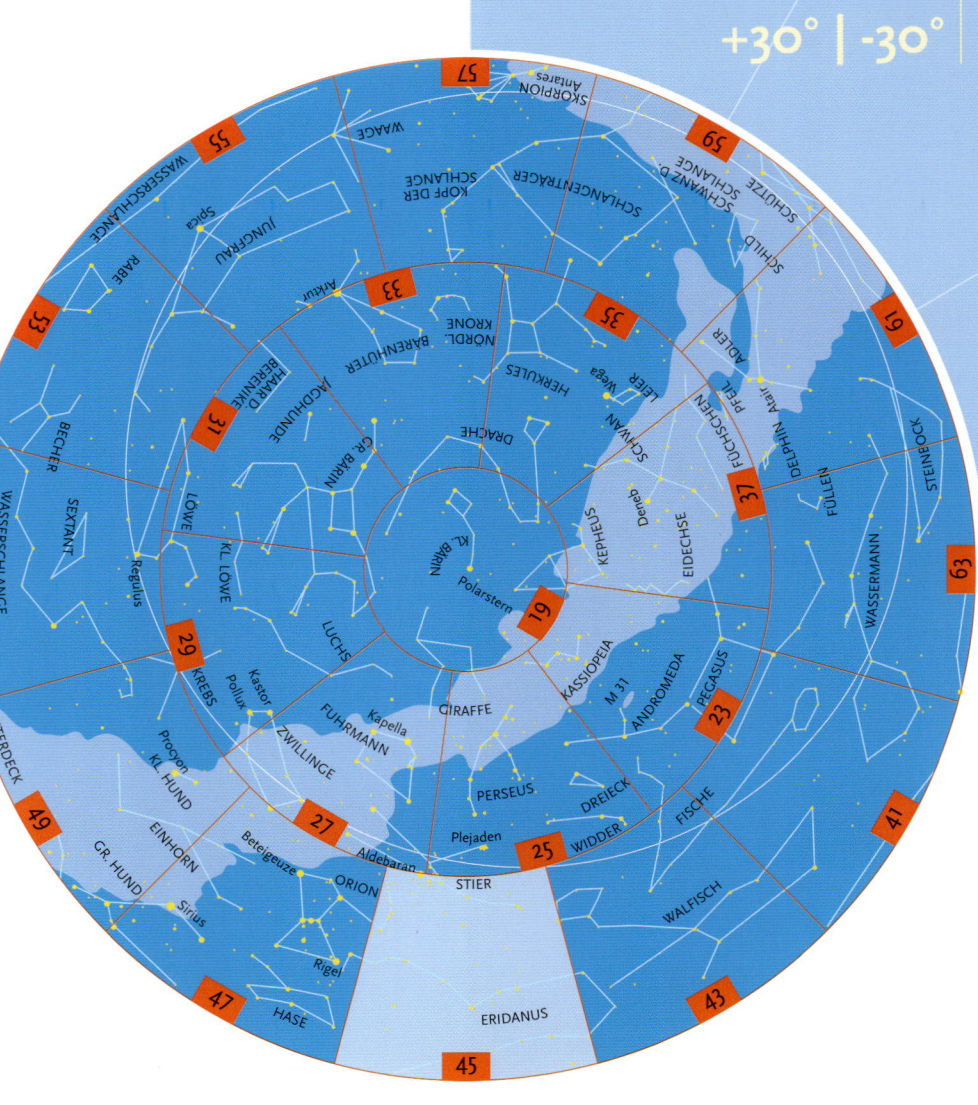

Der Stierkopf wird vom offenen Haufen der Hyaden, den Töchtern des Atlas (und damit Halbschwestern der Plejaden) gebildet. Die Sterne der Hyaden sind allerdings schwächer und weiter verstreut als bei den Plejaden, weshalb sowohl die Germanen als auch die Chinesen vom „Regengestirn" sprachen. Auch die Griechen deuteten hier weinende Nymphen, die um ihren Bruder Hyas trauern. Durch die große Anzahl der Sterne werden Augen und Nüstern des Stieres eindrucksvoll modelliert. In der Mythologie liest man von einem weißen Stier, der Europa, die schöne Tochter des phönikischen Königs, nach Kreta entführte. Der Göttervater Zeus hatte ihm diese Aufgabe übertragen, um die Prinzessin zu seiner Geliebten machen zu können. Er war es auch, der den schwimmenden Stier anschließend zum Dank an den Himmel versetzte. Die Darstellung des Stiers beim Vollbringen seiner Aufgabe im Wasser erklärt auch das Fehlen der Hinterbeine.

Aldebaran ist „der Nachfolgende", denn auch bei den Arabern wurde er mit den Plejaden in Zusammenhang gebracht. Zeitweise meinte man damit auch die ganze ihn umgebende Sterngruppe, die östlich des Siebengestirns liegt. Im Laufe einer Nacht gehen die Plejaden zuerst auf bzw. unter und Aldebaran mit den Hyaden folgt ihnen. Auch in Griechenland erzählte man sich daher bereits von den lebenslänglich gejagten, schönen Töchtern der Nymphe Plejone.

Der Fluss Eridanus ist in seiner enormen Nord-Süd-Ausdehnung das längste Sternbild des Himmels. Zeitweise wird er zwar als Projektion irdischer Flüsse an den Himmel betrachtet, aber seine Bedeutung in frühester Zeit ist die eines weltumspannenden Gewässers. Das Sternbild wird heute nach dem sagenumwobenen Fluss der alten Griechen Eridanus genannt. Der Stern β Eri (Cursa) liegt nur 3° entfernt von Rigel im Orion, weshalb die Araber in einigen der dortigen Eridanus-Sterne einen Stuhl sahen. Der Eigenname von β Eri leitet sich vom arabischen Wort Kusiyy für Stuhl ab. In diesem Kulturkreis folgte man nicht dem griechisch-römischen Gedanken an einen Fluss. Vielmehr wurden in dieser Region mehrere kleinere Sternbilder angesiedelt. Das Gebiet unterhalb des Stieres wurde als Straußennest aufgefasst. Die Sterne westlich von π Eri bis hin zu ε Cet spannen dafür einen Bogen. In diesem Kontext sind auch die Namen für die Sterne o_1 und o_2 Eri verständlich, denn sowohl Beid (von al Baid, das Ei des Strauß) als auch Keid (von al Kaid, die Eierschale) sind in der Nähe des Nests nicht gerade ungewöhnlich.

NGC 1514

β El Nath

STIER

NGC 1746

NGC 1647

Alcyone   *Plejaden*

41

WIDDER

δ   Botein

ω

ε

Hyaden

ν δ

Aldebaran   α

Alya

Primus Hyadum

λ

5

ξ

o

μ

WALFISCH

λ

ξ

π₁

π₂

π₃

π₄

γ

Bellatrix

ORION

Menkar   α

Al Kaff al Jidhmah   γ

π₅

δ

π₆

M 77

δ Mintaka

μ   ν

β

Cursa

o₁   Beid

IC 2118

Keid   o₂

Zibal

ζ

Azha

β

Rigel

Rana

δ   ε

η

λ   ι

κ

π

μ

Zaurak   γ

α

HASE

ERIDANUS

τ₁

Nihal

NGC 1300

β

NGC 1232

τ₂   Angetenar

ε

τ₅   τ₄

τ₃

τ₆

M 79

τ₉   τ₇

τ₈

NGC 1360

NGC 1097

υ₁   Beemim

υ₂   Theemim

Orion, Hase und Einhorn

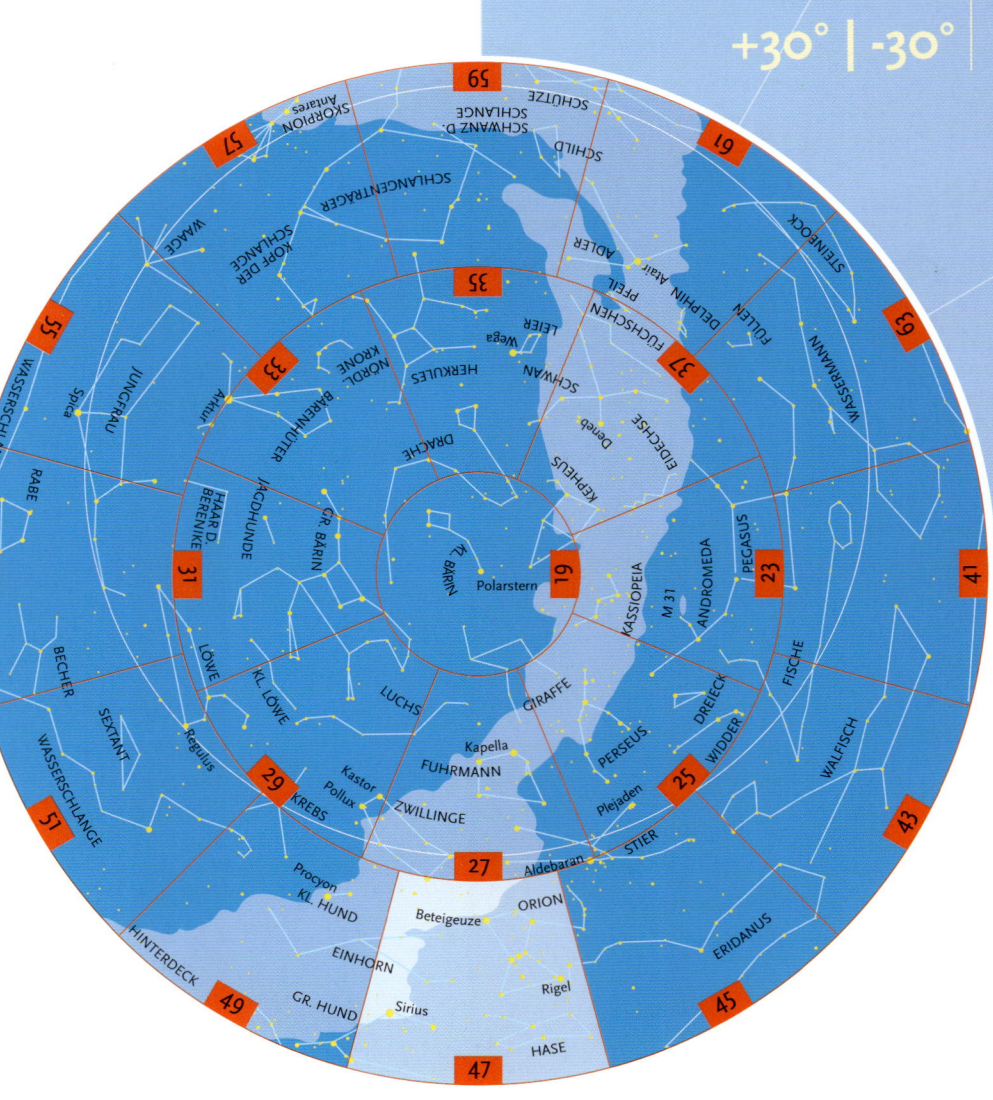

+30° | -30°

Gasnebel M 42

Der 1500 Lichtjahre entfernte Orion-Nebel ist der hellste diffuse Gasnebel und selbst unter mäßigen Bedingungen bereits mit dem bloßen Auge sichtbar. Im Fernrohr erscheint er nahezu doppelt so groß wie der Vollmond und zeigt in größeren Geräten sogar visuell einen meist als grünlich beschriebenen Farbton. Der Orion-Nebel ist Teil einer ausgedehnten, 1600 Lichtjahre entfernten Gaswolke, die fast das gesamte Sternbild Orion einschließt.

Barnards Loop

Der ausgedehnte, rötliche Lichtbogen gehört wie der Orion-Nebel zum Komplex der Orion-Molekülwolke. Sein Ursprung ist noch nicht restlos geklärt; möglicherweise entstand die Gasblase durch eine Reihe von Supernovaexplosionen vor 3 Millionen Jahren. Da sich das Licht von Barnards Loop auf eine große Fläche am Himmel verteilt, ist der Nebel visuell nur schwer zu beobachten.

Gasnebel um NGC 2024

Zwei sehr interessante Nebel befinden sich in der Umgebung des östlichsten Gürtelsterns (ζ Ori): im Nordwesten der durch ein Staubband in zwei Teile gespaltene NGC 2024, im Süden der Pferdekopf-Nebel. Die Gestalt des Pferdekopfs entsteht durch eine ca. 1 Lichtjahr große Staubwolke, die das Licht des dahinter liegenden Emissionsnebels IC 434 verdeckt.

Gasnebel M 1

Dieses Objekt erhielt seinen Namen „Crab Nebula" (Krabben-Nebel) von Lord Rosse, der von Irland aus mit seinem 90-cm-Teleskop im Jahre 1844 zum ersten Mal dessen feine Filamente sah. M 1 ist der Überrest einer Supernovaexplosion, die im Jahr 1054 am Himmel aufleuchtete und drei Wochen lang sogar am Taghimmel sichtbar war. Der Nebel dehnt sich mit einer Geschwindigkeit von 400 km/s aus; Fotografien, die im Abstand von 2–3 Jahrzehnten aufgenommen wurden, zeigen die Expansion.

Rosetten-Nebel

Diese rot leuchtende Wasserstoffwolke wird durch die energiereiche UV-Strahlung des darin eingebetteten Sternhaufens NGC 2244 angeregt. Das Zentrum des Nebels ist weitgehend frei von Gas, da dieses größtenteils bei der Entstehung des Sternhaufens verbraucht und die Reste durch die intensive Strahlung der jungen Sterne auseinandergetrieben wurden.

Den Blickfang dieser Karte bildet eines der beeindruckendsten Sternbilder des Himmels: Orion, wie die Griechen die einprägsame Figur des Rechtecks nannten, das in der Mitte mit einem Gürtel aus drei ähnlich hellen Sternen eingeschnürt ist. Auf der Nordhalbkugel der Erde erkennt man darin leicht einen stattlichen Mann, der in der westlichen Hand einen Schild hält und mit der anderen eine Keule über sich schwingt. Auffallend ist auch das Schwertgehänge, dessen Zentrum der Orion-Nebel bildet. Diese sehr bekannte Gaswolke setzt sich eigentlich aus mehreren Teilnebeln zusammen: Berühmt ist der Große Orion-Nebel (M 42) mit seinem zentralen Sternentstehungsgebiet. Allerdings ist der kleine kreisförmige Nebel, der sich nach Norden hin anschließt, als separater Kleiner Orion-Nebel (M 43) zu betrachten. Am Äquator der Erde sieht man den Orion gedreht; ein Held, der (auf der faulen Haut) liegend auf- und untergeht, ist jedoch nicht sehr überzeugend. Daher sehen afrikanische Stämme hier einen riesigen Schmetterling. Bei den australischen Aborigines, wo der Held sogar wie Harlekin auf dem Kopf stehen würde, hat man lediglich unsere Gürtelsterne als Fischer gedeutet, die sich gerade ihren Fang über dem Lagerfeuer (dem Orion-Nebel) rösten. Die Namen, mit denen man diese Sterne heute bezeichnet, sind aber abgeleitet von der nördlichen Vorstellung: Alnitak ist das Wort für Gürtel, der bis zu Mintaka den Leib umfängt; bei Alnilam startet die Perlschnur in der Mitte des Gürtels. Völlig unabhängig von der Gestalt ist die Bezeichnung für γ Ori, denn Bellatrix ist eine Amazonen-Kriegerin. Die einprägsame Figur aus den hellsten Sternen ist ein Wegweiser am Winterhimmel. Die Gürtelsterne weisen in nordwestlicher Richtung auf Aldebaran im Stier und sogar weiter zu den Plejaden. Diese Linie nach Südosten ausdehnend gelangt man zu Sirius im Großen Hund. Dieser hellste Stern des Nachthimmels steht in Mitteleuropa noch ziemlich tief, so dass er stark funkelt. Dem Jäger Orion zu Füßen liegt laut griechischer Vorstellung ein Hase, den er gejagt hatte. In Ägypten hingegen, wo die Sterne des Orion als der Totengott Osiris gedeutet wurden, interpretierte man das Gebiet darunter natürlich als seinen Kahn. Das Sternbild Einhorn ist bemerkenswert unscheinbar. Seine Herkunft ist nicht ganz klar; häufig wird die Erfindung dem Straßburger Mathematikprofessor J. Bartsch zugeschrieben. Er erfand mehrere Sternbilder, u.a. auch die bereits beschriebene Giraffe, die Hevelius übernahm. Vermutlich geht das bei Bartsch im gleichen Zuge erstmalig erwähnte Einhorn aber auf arabische Wurzeln zurück, da man hier schon lange das Sternbild eines Pferdes sah.

Krebs und Kleiner Hund

Planetarischer Nebel NGC 2392

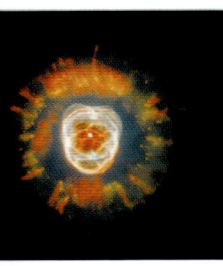

Planetarische Nebel sind Gashüllen, die von einem Stern am Ende seines Lebens in den Weltraum geschleudert und von dessen Strahlung angeregt werden. Der Name erklärt sich dadurch, dass die lichtschwachen Nebelflecken in den relativ kleinen Teleskopen des 18. Jahrhunderts wie das blasse Scheibchen des gerade neu entdeckten Planeten Uranus aussahen. In Wirklichkeit haben Planetarische Nebel nichts mit Planeten zu tun. NGC 2392 trägt auch den Namen „Eskimo-Nebel".

Sternhaufen Praesepe (M 44)

Dieser mit dem lateinischen Wort für „Krippe" benannte Sternhaufen umfasst mindestens 350 Sterne in einem mehr als 1° großen Feld. Der Name geht auf das antike Griechenland zurück, wo die Sichtbarkeit von M 44 als Wetterindikator benutzt wurde, da man den Sternhaufen bei guten Bedingungen mit bloßem Auge als Wölkchen erkennt. Er ist ein ideales Objekt für Feldstecher und kleine Fernrohre mit großem Gesichtsfeld.

Sternhaufen M 67

Etwa 9° südlich von Praesepe liegt ein anderer sternreicher Haufen mit einem Durchmesser von 15′. Ungewöhnlich ist sein sehr hohes Alter von 10 Milliarden Jahren, das eher an Kugelsternhaufen als an typische offene Sternhaufen erinnert. Letztere haben nämlich die Tendenz, sich im Laufe der Zeit zu zerstreuen, ähnlich wie die Wassermoleküle in einem Topf mit kochendem Wasser langsam aber sicher verdampfen. Bestimmt wird das Alter von Sternhaufen aus spektralen Beobachtungen der Sterne.

Gasnebel IC 2177

Der im Englischen als „Seagull Nebula" (Seemöwen-Nebel) bekannte Gasnebel ist eine 120′ x 40′ große Region, die vor allem im roten Licht des Wasserstoffs leuchtet, aber auch einige blaue Reflexionsnebel beinhaltet.

Sternhaufen M 46

Im Sternbild Achterschiff liegt der ca. einen Vollmonddurchmesser große Sternhaufen M 46. Nördlich des Zentrums erkennt man im Fernrohr das blasse Scheibchen eines Planetarischen Nebels. Dieses als NGC 2438 bekannte Objekt befindet sich jedoch mit ziemlicher Sicherheit im Vordergrund und gehört nicht zum Sternhaufen. Knapp westlich von M 46 sieht man mit M 47 einen weiteren Sternhaufen.

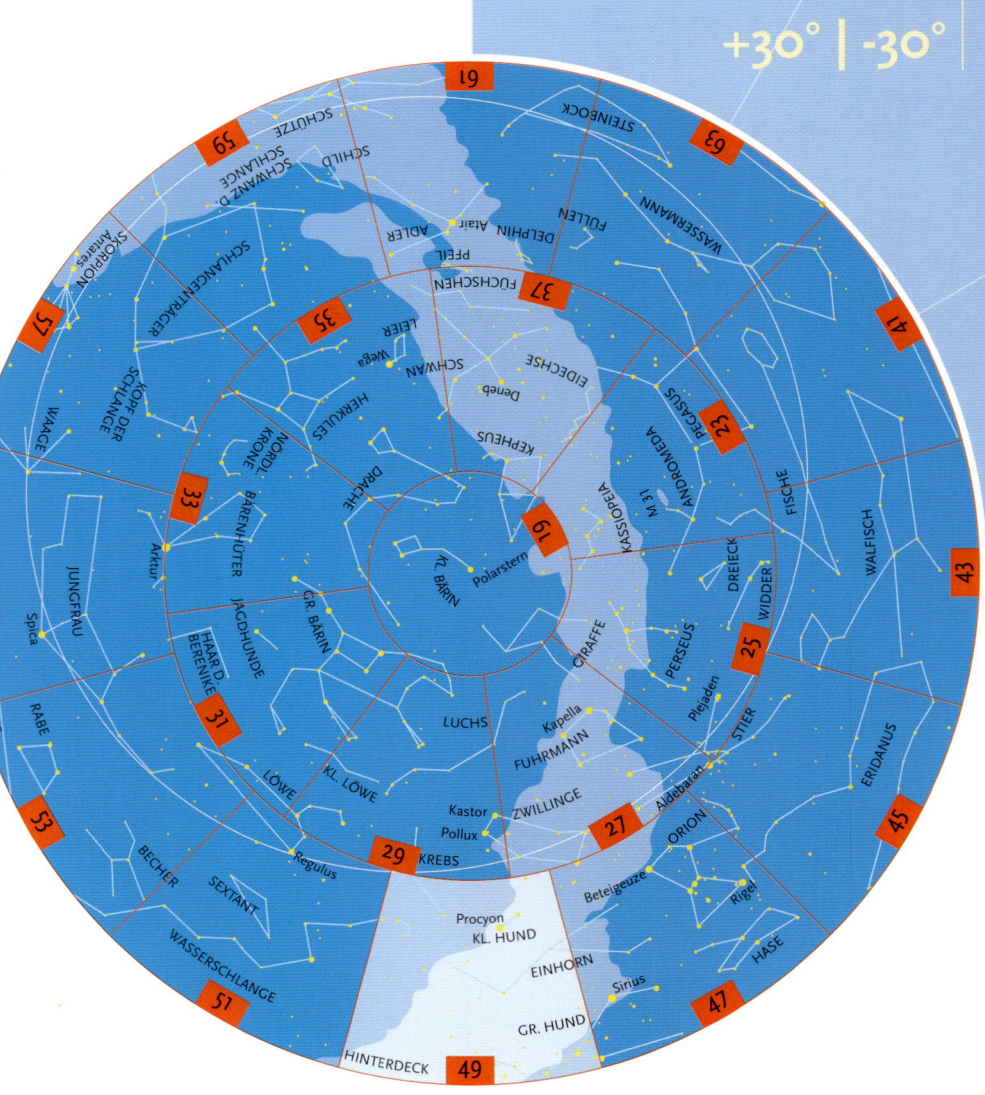

Der Krebs (Cancer) gehört zu den Sternbildern, deren Namen früher zur kalendarischen Orientierung bedeutsam waren. Vor langer Zeit stand die Sonne zur Sommersonnenwende genau in diesem Bild. Wie also der Krebs (das Tier) am Boden rückwärts geht, kehrt auch die Sonne ihre Bewegungsrichtung im Jahr um: Ihre Mittagshöhe nimmt in den folgenden Monaten wieder ab, da sich ihr Abstand vom Himmelsäquator nun wieder verringert. Dadurch werden jetzt auch die Nächte wieder länger und die Tage entsprechend kürzer. Das Sternbild Krebs bietet allerdings so wenig helle Sterne, dass die Figur eines solchen Schalentieres hier wohl nicht erkennbar ist. Schon die Y-förmig angeordneten hellsten Sterne erfordern für die Beobachtung einen dunklen Himmel. Beeindruckend ist in diesem Sternbild der schon mit bloßem Auge sichtbare, offene Sternhaufen Praesepe (die Krippe, M 44), die das nördliche und südliche Eselchen (Asellus) speist. Im germanischen Sprachraum wird dieser offene Haufen auch Bienenkorb genannt. Dass es sich hierbei in Wirklichkeit um eine Ansammlung vieler schwacher Sterne handelt, stellte jedoch erst der berühmte italienische Astronom Galileo Galilei im 17. Jh. fest. Durch das von ihm zwar nicht erfundene, aber zur systematischen Himmelsbeobachtung eingesetzte Fernrohr erkannte er die wahre Natur des verwaschenen Nebelfleckchens. Mit diesem ersten Teleskop sah Galilei etwa 30 Einzelsterne – eine Beobachtung, die sich mittlerweile mit jedem Feldstecher übertreffen lässt!

Der Kleine Hund wird in der Mythologie unterschiedlich gedeutet. Aus Griechenland stammt die Ansicht, es handele sich dabei um einen der Begleiter von Diana, der Göttin der Jagd. Seine Zuordnung als der zweite Jagdhund des Orion erklärt aber seinen himmlischen Platz in dessen Nähe. In Ägypten sah man hier oft den hundsköpfigen Gott der Einbalsamierung, Anubis. Der frühe griechische Name des Sternbildes war Procyon, der heutzutage nur den hellsten Stern bezeichnet. Seine wörtliche Übersetzung bedeutet „Vorhund", weil dieser achthellste Stern des Himmels vor dem Hundsstern Sirius über den Horizont steigt. Procyon steht zwar am Himmel weiter östlich, allerdings auch nördlicher, was auf der Nordhalbkugel der Erde diesen Effekt ermöglicht. Mit nur 11 Lichtjahren Entfernung ist er der fünftnächste Stern unserer Sonne.

Die Römer übersetzten das Wort allerdings mit Antecanis oder Anticanis, dem im Laufe der Zeit auch diverse Adjektive zugesetzt wurden, so dass sich schließlich das heutige Sternbild Canis Minor, der Kleine Hund, ergab.

Löwe, Sextant und Wasserschlange

Galaxie NGC 2903

Diese schöne, schräg von der Kante sichtbare Spiralgalaxie ist eine der hellsten im Sternbild Löwe. Um die Struktur des 11,'0 x 4,'7 großen und 9,^{m}7 hellen Objekts zu erkennen, bedarf es allerdings schon eines Fernrohrs mit mindestens 20–25 cm Durchmesser.

Galaxien um M 95

Unterhalb des Trapezes, das den Körper des Löwen darstellt, befindet sich eine interessante Gruppe von Galaxien, deren hellste Mitglieder M 95, M 96 und M 105 sind. Neuere Messungen mit dem Hubble-Weltraumteleskop ergaben eine Entfernung von 38 Millionen Lichtjahren. Obwohl M 105 von Pierre Méchain drei Tage vor M 101 entdeckt wurde, nahm Messier die Galaxie nicht in seinen ursprünglichen Katalog auf. Erst 1947 wurde sie zusammen mit fünf weiteren Objekten hinzugefügt.

Galaxien um M 65

Ein weiteres Galaxien-Trio im Löwen, ca. 2,°5 südöstlich von ϑ Leo, besteht aus den Messier-Objekten M 65 und M 66 sowie der von der Kante her sichtbaren Galaxie NGC 3628, die von einem dunklen Staubband durchzogen wird. Mit 35 Millionen Lichtjahren ist das Trio fast genauso weit entfernt wie die Gruppe um M 95, so dass eine physikalische Verbindung vermutet wird.

Planetarischer Nebel NGC 3242

Dieser Planetarische Nebel im Sternbild Wasserschlange besitzt einen Durchmesser von 40'' und erscheint uns damit nahezu genauso groß wie der Planet Jupiter. Natürlich ist der Nebel wesentlich schwächer als der Planet, wodurch NGC 3242 den Spitznamen „Jupiters Geist" erhielt. Seine Entfernung ist wie bei den meisten Planetarischen Nebeln nur grob bekannt; mit geschätzten 2700 Lichtjahren dürfte er aber zu den uns recht nahegelegenen Planetarischen Nebeln zählen.

Stern Alphard

Der rötliche Stern unterhalb der Gabel des Krebs ist bei weitem der hellste in der Wasserschlange (Hydra). Dies ist auch nicht verwunderlich für einen Roten Riesen mit einer Leuchtkraft, die die der Sonne um etwa das 110fache übertrifft. Alphard wird ob seiner Lage am Himmel zuweilen auch Cor Hydrae genannt, das Herz der Wasserschlange. Möglicherweise ist dieser Stern leicht veränderlich – allerdings ist der Effekt mit 0,^{m}2 auf keinen Fall für das bloße Auge sichtbar.

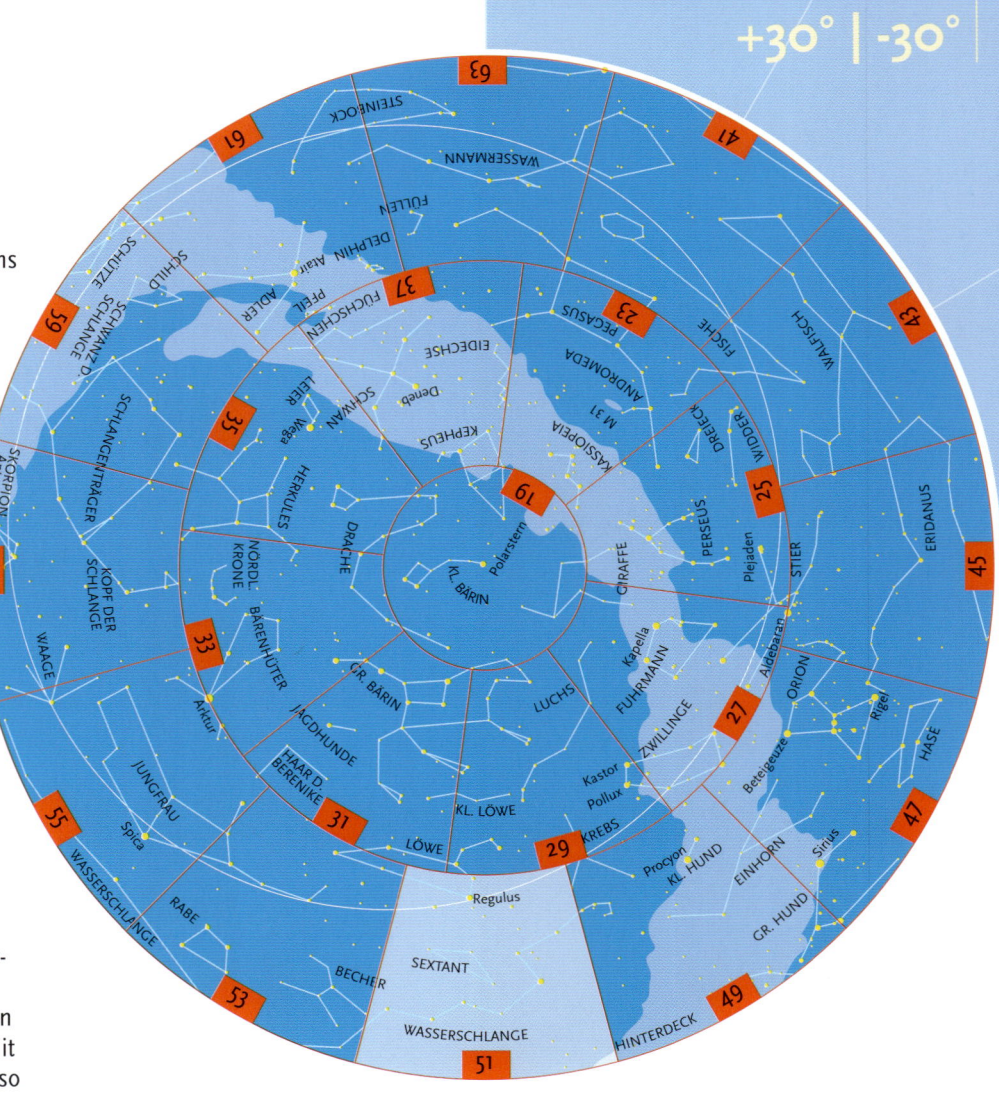

Das Sternbild Löwe ist eines der Sternbilder, dessen Figur man recht leicht erkennen kann. Ein Trapez aus Regulus, Algieba, Zosma und Denebola (siehe nächste Karte) umreißt den Löwenkörper. Adhafera markiert die Löwenmähne, die sich in den beiden Sternen Ras Elased (Kopf des Löwen) fortsetzen lässt. In der Brust des Tieres glänzt der orangefarbene Regulus als Herz der Raubkatze. Sein Name bedeutet „kleiner König" und geht auf keinen geringeren als Nikolaus Kopernikus (1473–1543) zurück.

Regulus wurde schon im Altertum von den Babyloniern bis Ptolemäus als Stern gedeutet, der den Himmel regiert. Bei den Persern hieß er das Zentrum, in Indien der Mächtige und andernorts der Großartige. Etwas westlich von ζ Leo (Adhafera) liegt der Radiant des berühmten Sternschnuppenstroms der Leoniden, der etwa alle 33 Jahre besonders ergiebig ist, wenn sein Ursprungskomet Temple-Tuttle gerade sein Perihel (den sonnennächsten Punkt seiner Bahn) durchlaufen hat. Kreuzt dann die Erde auf ihrer Jahresbahn um die Sonne im November die Bahn des Kometen, so trifft sie auf das vom Kometen zurückgelassene Material. Dann sausen besonders viele der staubkorngroßen Teilchen durch unsere Lufthülle, und es sind für einige Stunden besonders viele Sternschnuppen zu sehen.

Bei dem ungewöhnlichen Löwen handelt es sich um jenes Tier, das einst Angst und Schrecken über Nemea brachte. Der besorgte König von Nemea erteilte Herakles (Herkules) den Auftrag, diesen Löwen zu bekämpfen. Nach langer Suche fand der Held endlich die Höhle des Tieres. Am Abend dann, als der Löwe zu neuen Streifzügen hervorkam, lauerte Herakles ihm auf und attackierte ihn mit seiner Keule. Diese zerbrach zwar am harten, metallischen Löwenfell, doch der verwirrte Wüterich zog sich wieder in seine Höhle zurück. Herakles verstellte sogleich den Eingang mit einem großen Stein und schlich sich durch einen zweiten Eingang in die Höhle. Nachdem er im folgenden Ringkampf das ungewöhnliche Tier erwürgt hatte, trug er es auf seinen starken Schultern in die Stadt. Fortan hatte auch der König großen Respekt vor dem Helden. Zeus aber versetzte das Tier zum Gedenken an den glorreichen Kampf seines Sohnes an den Himmel.

Der schon mehrfach erwähnte Danziger Astronom Hevelius besaß seinerzeit nicht nur eines der größten Fernrohre, sondern ebenso das beste Messgerät. Im Zuge seiner Sternbildkreationen siedelte er daher unterhalb des Löwen den Sextanten an, da er dieses Instrument sehr schätzte.

LÖWE

μ Ras Elased borealis

KREBS

ε Ras Elased australis

Adhafera ζ

NGC 2623

δ Zosma

Asellus borealis γ

Algieba

M 44

NGC 2903

γ

Asellus australis δ

ϑ Chort

η

NGC 3628

M 65

Acubens α

M 66

M 105

Regulus

M 67

M 96   M 95

α

ζ   ε

δ

ρ

SEXTANT

η   σ

ϑ

Al Minhar al Shuja

β   α

ι   Ping Sing

γ

α Alphard

λ

ϑ   κ

ν

μ

WASSERSCHLANGE

NGC 3242

ξ

χ

Haar der Berenike, Rabe und Becher

Januar Februar März April Mai Juni Juli August September Oktober November Dezember

+30° | -30°

Galaxie M 87

Die große Anzahl von Galaxien in den Sternbildern Jungfrau und Haar der Berenike ist kein Zufall: Zum einen blicken wir in dieser Richtung senkrecht zur galaktischen Ebene aus unserer Milchstraße hinaus, so dass nur wenig Licht durch Staub absorbiert wird. Zum anderen sehen wir hier in das Herz des 60 Millionen Lichtjahre entfernten Virgo-Galaxienhaufens, der mit 2000 Mitgliedern den Kern des so genannten Lokalen Superhaufens bildet. Der Virgo-Haufen wird dominiert durch die elliptische Galaxie M 87, die um ein Vielfaches massereicher ist als unsere Milchstraße.

Galaxien um M 84

Nordwestlich von M 87, fast genau in der Mitte zwischen den Sternen Denebola (β Leo) und Vindemiatrix (ε Vir), liegen zwei weitere helle Mitglieder des Virgo-Haufens. M 84 besitzt ähnlich wie M 87 einen Materiejet, der allerdings nur im Radiobereich sichtbar ist. M 86 nähert sich uns mit einer Geschwindigkeit von 419 km/s; solch hohe Geschwindigkeiten sind in großen Galaxienhaufen keine Seltenheit.

Galaxie NGC 4565

Diese Galaxie ist eine der interessantesten des Nordhimmels. Könnten wir senkrecht auf NGC 4565 schauen, so würden wir eine normale Spiralgalaxie erkennen. Da unsere Blickrichtung jedoch fast genau auf ihre Kante zeigt, sehen wir stattdessen eine extrem schmale, 15′ x 1′ große Spindel mit einer zentralen Verdickung, die von einem dunklen Staubband durchzogen wird.

Galaxie M 104

Die Sombrero-Galaxie ist ein weiteres Beispiel für eine Galaxie in Kantenansicht. Auch hier wird die Äquatorebene von einem dicken Staubband markiert. M 104 ist die letzte Galaxie, die von Messier selbst in seinen Nebel-Katalog aufgenommen wurde; die restlichen Objekte M 105 bis M 110 kamen erst im 20. Jahrhundert hinzu.

Galaxien NGC 4038/39

Dieses als „Antennengalaxie" bekannte Galaxienpaar im Sternbild Rabe ist ein weiteres Beispiel für zwei Galaxien, die sich durch ihre Schwerkraft gegenseitig beeinflussen und verformen. Wie bei M 51 / NGC 5195 (s. S. 30) änderten auch hier zwei „normale" Galaxien bei ihrer Begegnung die Gestalt. Die beiden „Antennen" bestehen aus Gas und Sternen, die aus den Galaxien herausgerissen wurden.

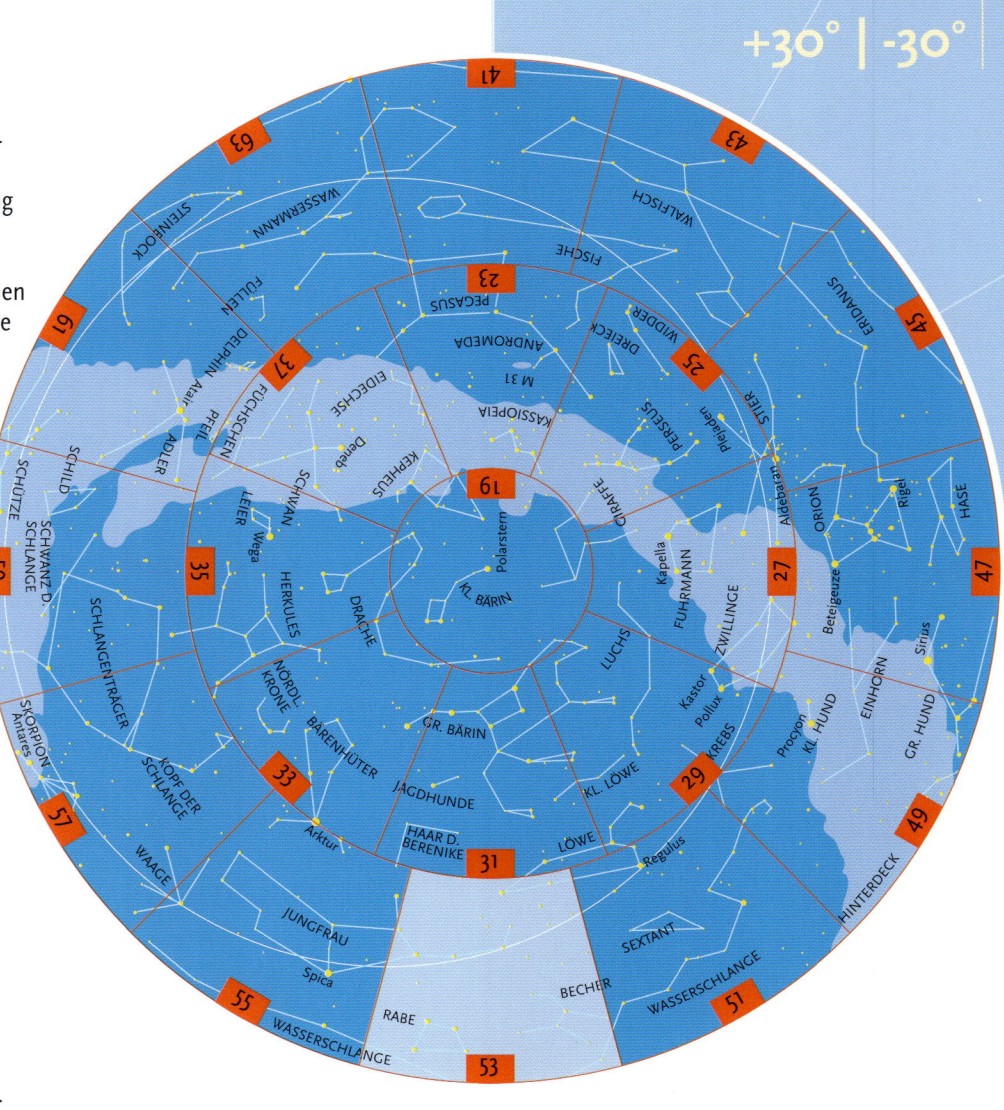

Das Sternbild der Wasserschlange, Hydra, wird meist auch große oder weibliche Wasserschlange genannt – besonders in der Neuzeit, da man es von der kleinen oder männlichen Wasserschlange (Hydrus) des Südhimmels unterscheiden will. Ihr hellster Stern, Alphard, wird mit Rumpf oder Nacken der Schlange identifiziert. Der scharfäugige Astronom Tycho Brahe nannte ihn Cor Hydrae (also Herz der Hydra). Im beginnenden 15. Jh. hatte auch der astronomisch versierte Regent von Samarkand, Ulug Beg, den Stern σ mit der Bezeichnung Al Minhar al Shuja (Schlangennase) versehen. Der Name des schwächeren Sterns ι dieses Bildes stammt aus dem Chinesischen: Ping Sing bedeutet „ruhiger Stern". Diese Himmelsgegend ist auf der Nordhalbkugel der Erde die der Frühlingssternbilder, also derjenigen Bilder, die am Abendhimmel im Frühjahr zu sehen sind. Das erklärt auch die chinesische Bezeichnung Tsing Kew, der grüne Hügel, für die Figur aus β und γ Hya (s. S. 75).

Der „prophetische" Rabe ist Apollon, dem strahlenden Gott des Lichts geweiht, der während des Kampfes der Götter gegen die Giganten in die Gestalt des schwarzen Vogels schlüpfte. Andererseits wird der „verlogene" Rabe manchmal auch im Zusammenhang mit Wasserschlange und Becher gedeutet. In diesem Fall wurde er mit einem Becher losgeschickt, kam aber verspätet an. Bei seiner Rückkehr trug er die Schlange in den Krallen und log, sie sei der Grund für die Verzögerung. An den Himmel versetzt, muss er als Strafe nun ewigen Durst leiden, weil die Hydra den Wasserbecher bewacht. Vor etwa 2000 Jahren befand sich das heute wegen der Präzessionsbewegung schief stehende Sternbild jeweils genau zur Hälfte über und unter dem Himmelsäquator.

Der Becher ist ein traditionelles Sternbild. Er tauchte schon bei den Griechen auf und wurde von den Römern übernommen. In Griechenland gehört er zu Bacchus, wird bei den römischen Philosophen aber auch anderen Gottheiten oder Halbgöttern zugeordnet: wahlweise Apollo, Bacchus, Herkules, Achill, Dido, Demophoön oder Medea.

In Coma Berenices, dem Haupthaar der ägyptischen Königin Berenike, soll Aphrodite, die Göttin der Liebe, Schönheit und Kunst, den wallenden Schopf der Gemahlin des Pharaos Ptolemäus III. an den Himmel versetzt haben. Ihre langen blonden Locken hatte die Pharaonin Berenike im Tempel geopfert, als sie für ihren zur Schlacht ausgezogenen Gemahl betete, er möge unversehrt zu ihr zurückkehren. Nachdem ihre Bitte in Erfüllung gegangen war, versinnbildlicht das Haar nun Liebe und Treue.

Jungfrau und Umgebung

Januar   Februar   März   April   **Mai**   **Juni**   **Juli**   August   September   Oktober   November   Dezember

Sternhaufen M 3

Wäre der Kugelsternhaufen M 3 nicht eineinhalb-mal so weit entfernt wie M 13 im Herkules, so würde er ihn an Helligkeit deutlich übertreffen. Immerhin kann man aber – exzellente Bedingungen vorausgesetzt – auch M 3 noch mit bloßem Auge erkennen. Im Fernrohr präsentiert sich dieser 34.000 Lichtjahre entfernte Kugelstern-haufen als ein gesprenkelter Lichtfleck, der mit zunehmender Vergrößerung mehr und mehr in Einzelsterne aufgelöst wird.
Eine ungewöhnliche Eigenschaft von M 3 ist die relativ große Zahl an blauen Sternen. Da Kugelsternhaufen sehr alt sind, würde man nach dem Standardmodell der Stern-entwicklung keine blauen Sterne mehr erwarten, denn diese hätten sich längst zu Weißen Zwergen und anderen Endstadien hin entwickelt. Man nimmt daher an, dass es sich bei den blauen Sternen einst um „normale" Sterne handelte, denen bei einer nahen Begegnung mit einem anderen Stern die äußere, kühlere Hülle weggerissen wurde.

Sternhaufen M 53

Sieben Grad westlich von τ Boo liegt der Kugel-sternhaufen M 53, der mit 60.000 Lichtjahren zu den etwas weiter entfernten Vertretern seiner Art gehört. Fast ebenso weit entfernt ist NGC 5053, der nur 1° nordwestlich liegt, mit einer Helligkeit von 9ᵐ9 allerdings fast 2,5 Größenklassen schwächer ist als M 53.

Galaxie NGC 5746

Bedingt durch ihre Lage (nur 20′ westlich des Sterns 109 Vir) ist diese langgestreckte, 10ᵐ3 helle Galaxie leicht zu finden. Wie viele Galaxien, die wir von der Kante her betrachten, wird auch NGC 5746 von einem dunklen Staubband durch-zogen. Die schwächere Galaxie NGC 5740 befin-det sich 19′ südwestlich.

Galaxie NGC 5846

Diese 4′ große und runde Galaxie liegt knapp 1° südöstlich von 110 Vir und ist das hellste Mit-glied einer Kette von Galaxien, die allerdings deutlich lichtschwächer als NGC 5846 sind. Ein-gebettet in den Halo erscheint der schwache Begleiter NGC 5846A.

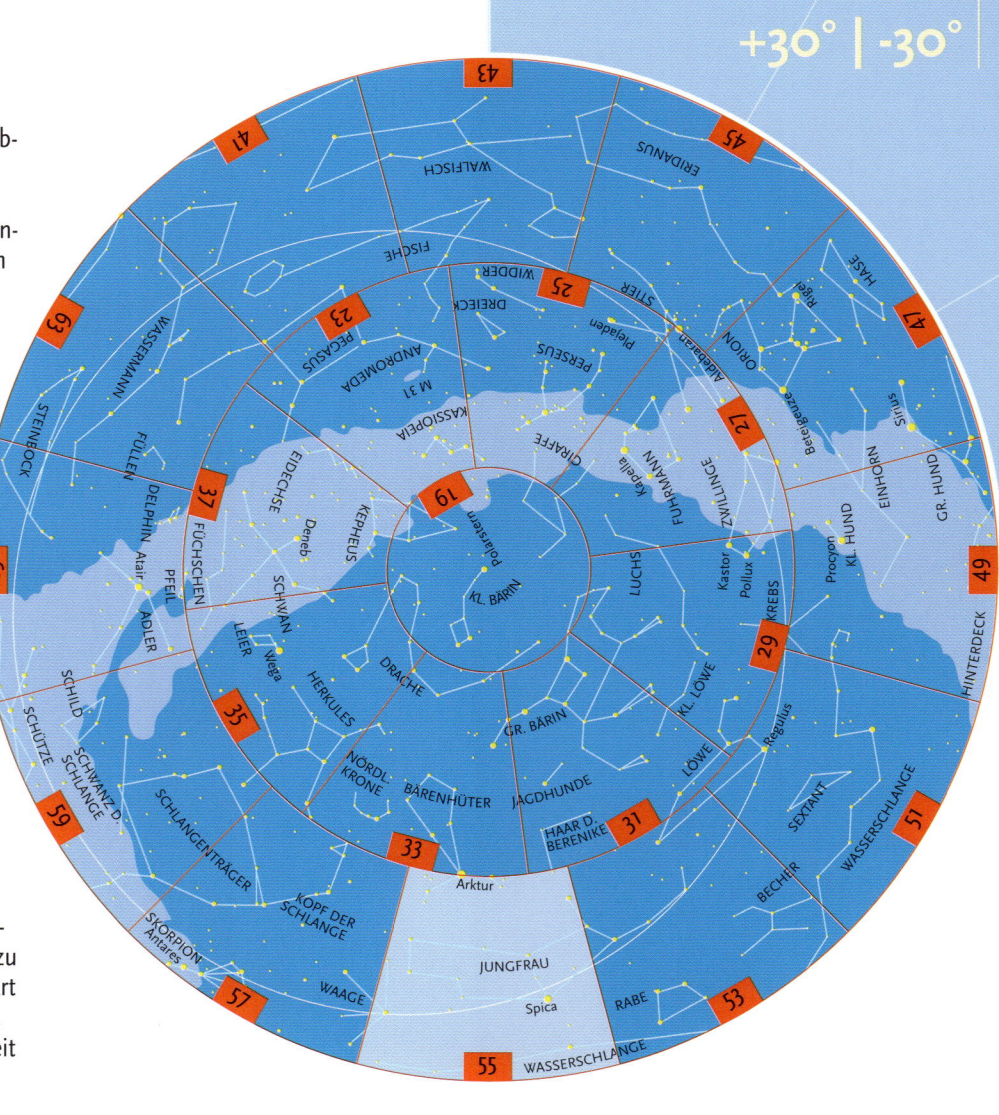

+30° | -30°

Von der Deichsel des Großen Wagens kommend, kann man einen Halbkreis am Himmel durch Arktur, den Hauptstern des Bärenhüters (Bootes), legen und bis zu Spica in der Jungfrau (Virgo) weiterführen. Gemeinsam mit Regulus im Löwen (s. S. 50) stellen diese hellen Sterne das Frühlingsdreieck dar.

Die bläulich glänzende Spica, die sogar noch etwas heller strahlt als Regulus, liegt so dicht an der Ekliptik, dass sie gelegentlich auch vom Mond bedeckt werden kann. Durch beide Sternbilder, Löwe und Jungfrau, läuft die scheinbare Sonnenbahn. Da auch der Mond und alle Planeten in etwa der gleichen Ebene um die Sonne laufen, entfernen sie sich nie sehr weit von der Ekliptik. Zieht nun der Mond an einem hellen Stern vorüber und berührt ihn mit seinem dunklen Rand, dann lässt sich auch der gerade unbeleuchtete Teil des Mondes vermessen. Spicas Nähe zur Ekliptik wird bei den helleren Sternen nur noch von dem 1ᵐ hellen Stern Regulus im Löwen übertroffen.

Im Sternbild Jungfrau stand die Sonne früher zu Beginn der Erntezeit, weshalb ihm entspre-chende Bedeutungen zugeordnet wurden. Zunächst sah man hier in babylonischer Zeit ein-fach eine Kornähre, die mit reichlich Fantasie erkennbar ist. Auf diese frühe Deutung des Bildes weisen die Sternnamen Spica (Kornähre) und Vindemiatrix (die Weinpflückerin) hin. Später wurde dort die Fruchtbarkeitsgöttin Demeter oder manchmal auch ihre Tochter Perse-phone gesehen. Die schöne Persephone verlebte eine fröhliche Kindheit und Jugend. Jedoch hatte Zeus seine lebensfrohe Tochter dem Totengott Hades zur Frau versprochen. Nachdem dieser sie geraubt hatte, ließ die trauernde Mutter Demeter so lange alles verdörren, bis ihr die Tochter zurückgegeben wurde. Da aber auch Hades nicht seine Gemahlin missen mochte, entspricht der Lebenszyklus der Persephone dem des Korns: Ein halbes Jahr muss sie bei ihrem Gatten Hades unter der Erde verweilen, das andere halbe Jahr darf sie bei ihrer Mutter über der Erde verbringen.

Zawijach für β Vir bedeutet Ecke und bezog sich eigentlich auf die Hütte für den arabischen Hund, die ursprünglich von dem Stern γ Vir markiert wurde. Dieser aber heißt heute Porrima, manchmal auch Antevorta und selten Postvorta.

Die Waage (Libra) folgt im Tierkreis zeitlich nach der Jungfrau. Sie ist das einzige Messin-strument unter den Bildern des Tierkreises. Als das Attribut der Göttin Dike (bzw. Justitia) steht die Waage als Symbol der Gerechtigkeit am Firmament.

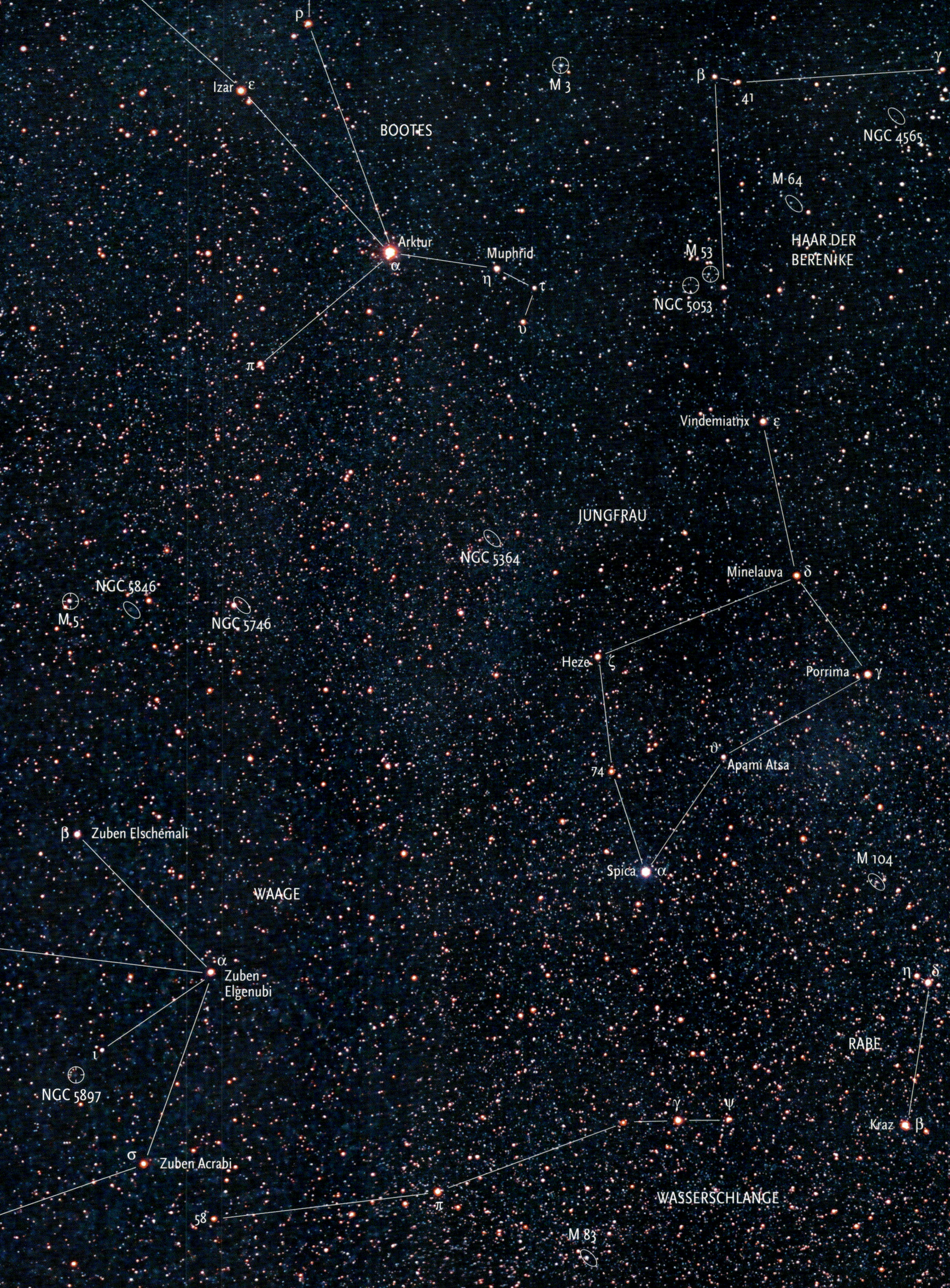

Nördliche Krone, Schlange und Waage

+30° | -30°

Sternhaufen M 5

Dieser Kugelsternhaufen kann es an Helligkeit fast mit M 13 (s. S. 34) aufnehmen, weshalb er auch bereits 80 Jahre vor der Erstellung von Messiers Nebelkatalog entdeckt wurde. Im Fernrohr erscheint er deutlich elliptisch entlang einer Achse, die von Nordost nach Südwest verläuft. Die Entfernung von M 5 wird mit 24.500 Lichtjahren angegeben, sein Durchmesser beträgt 140 Lichtjahre.

Sternhaufen M 10 und M 12

Die beiden Kugelsternhaufen M 10 und M 12 im Schlangenträger sind leichte Feldstecherobjekte. M 12 ist deutlich sternärmer als sein Nachbar, lässt sich dafür aber in Amateurteleskopen leichter in Einzelsterne auflösen.

Sternhaufen M 4

Ein leicht aufzufindender Kugelsternhaufen ist M 4, bildet er doch mit Antares und σ Sco ein gleichschenkliges Dreieck. Mit einer Entfernung von nur 7200 Lichtjahren ist M 4 einer der nächstgelegenen Kugelsternhaufen. Er könnte ohne weiteres auch der hellste sein, wäre sein Licht nicht so stark durch interstellaren Staub geschwächt.

Gasnebel um ρ Ophiuchi

Um den Kopf des Skorpions erstreckt sich eine der farbenprächtigsten Regionen des Himmels. Die Farben geben Hinweise auf verschiedene physikalische Prozesse. Der Nebel um den Stern ρ Oph reflektiert blaues Sternenlicht, das stärker als rotes Licht an Gas- und Staubteilchen gestreut wird. Der gleiche Prozess spielt sich in dem orange-gelblichen Nebel um Antares ab. Da Antares als roter Riesenstern jedoch wenig ultraviolettes, dafür aber intensives orangefarbenes Licht abstrahlt, erscheint uns dieses Objekt in einer für Reflexionsnebel ansonsten untypischen Farbe. Die roten Nebel unterhalb von Antares entstehen durch Wasserstoff, der durch UV-Strahlung zum Leuchten angeregt wird.

Planetarischer Nebel NGC 6210

Mit einer Helligkeit von 8ᵐ8 ist dieser nur 20″ x 13″ große Planetarische Nebel im Herkules sicherlich kein Paradeobjekt. Seine intensiv blaugrüne Färbung, die durch die Spektrallinien von zweifach ionisiertem Sauerstoff hervorgerufen wird, macht es allerdings leicht, ihn von einem Stern zu unterscheiden.

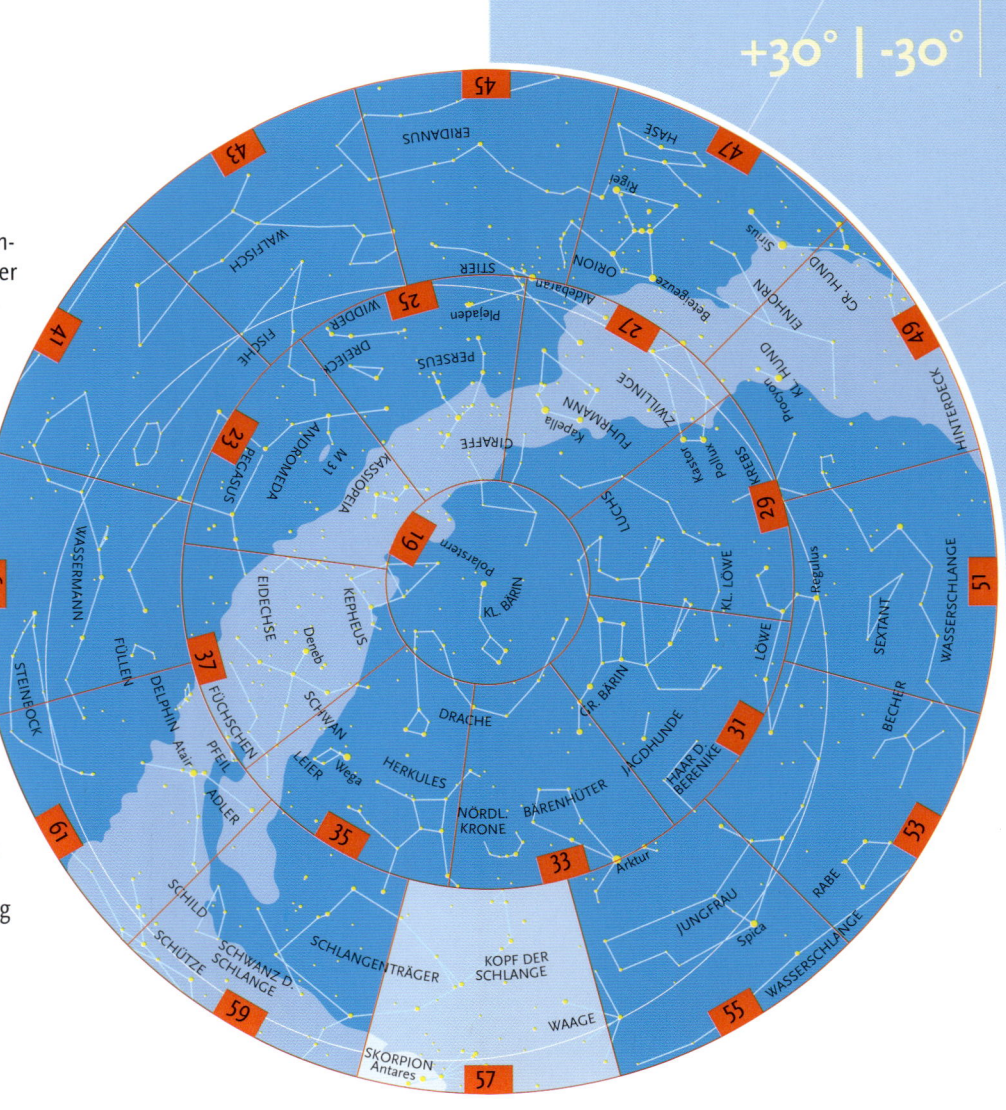

Im nordwestlichen Teil der Karte ragen noch die Frühlingssternbilder ins Bild. Corona Borealis, die nördliche Krone, ist dort eines der auffälligsten Sternbilder. Der Stern in der Mitte des Reifs ist der hellste des Sternbilds, wodurch er den Namen Gemma (Edelstein) verdient. Dieser Name ist zwar nicht ganz ursprünglich, taucht aber schon bei Ovid auf. Hierin sah er die Krone der Ariadne, die Theseus ein Garnknäuel schenkte, damit er aus dem Labyrinth des Minetauros herausfinden konnte. Der Stern α CrB heißt manchmal auch Alphecca, was auf Ulug Begs Namen „al Fakkah" (die Schüssel) für dieses Sternbild zurückgeht.

Der untere Teil des Herkules (und damit dessen Oberkörper, da Herkules kopfüber am Himmel steht) ist ebenfalls noch sichtbar. Der Stern β in diesem Bild hat wiederum mehrere Namen; heute ist Rutilicus gebräuchlich. Das lateinische Wort nimmt Bezug auf seinen Anblick, da es sich vermutlich von rutilus (= golden-rötlich) ableitet. Ein anderer Name ist Kornephoros, das griechische Äquivalent zum Clavator der Römer, also „Der, der die Keule schwingt".

Der südliche Teil der Karte zeigt die Antares-Region im Herzen des Skorpion mitten im beeindruckendsten Teil der Milchstraße. In der ursprünglichen Darstellung reichen die Scheren des Skorpions so weit nach Nordwesten, dass sie nahezu den gesamten unteren Teil dieser Karte ausfüllen. Im Laufe der Zeit wurde dieses riesige Sternbild jedoch unterteilt. Bei Ptolemäus findet man bereits die „Scheren" als separates Sternbild. Darauf lassen auch noch die Wortstämme „Zuben" (Schere) der Sternnamen schließen (z. B. Zuben el genubi = südliche Schere). Später wurde aus dieser Region das Sternbild Waage (Libra).

Beim Verlassen der Jungfrau tritt die Sonne auf ihrer Jahresbahn heutzutage am 30. Oktober in das Sternbild Waage. Als einziges lebloses Gerät unter den Bildern des Tierkreises gibt sie einige Rätsel auf. Die Erklärung findet sich wohl wieder in der Kalenderrechnung, denn vor mehr als 2000 Jahren stand unser Zentralgestirn hier zum Zeitpunkt des Herbstbeginns. Dieser ist aber gerade dann festgelegt, wenn sich um den 23. September die Längen von Tag und Nacht „die Waage halten".

Am Äquator windet sich die Schlange (Serpens) entlang. Dies ist das einzige Sternbild, das aus zwei separaten Teilen besteht, die durch ein anderes Bild getrennt sind, nämlich den Schlangenträger Ophiuchus. Der Schlangenkopf (Serpens Caput) ist westlich des Schlangenträgers auf dieser Karte sichtbar und enthält mit Unuk al Hay (der Schlangennacken) den hellsten Stern des Bildes.

NÖRDLICHE
KRONE

ϑ
β
ι
Galaxienhaufen
ε
δ γ α Gemma

λ Maasym
δ Sarin
NGC 6210
κ Ching
β Chow
γ

Rutilicus β
γ

HERKULES

KOPF DER
SCHLANGE

δ

α Ras Algethi

α Ras Alhague

λ
α Unuk al Hay
ε Pah

κ

SCHLANGENTRÄGER

λ
Marfik

M 5
NGC 5846
NGC 5746

M 12

M 10

δ Yed Prior
ε Yed Posterior

β Zuben Elschemali

ζ

ψ
ξ Graffias

Zuben Elakrab
γ

α Zuben
Elgenubi

η
Sabik

SKORPION

ϑ

WAAGE

ι

Jabbah
IC 4592
ψ
β Akrab schemali
ω Jadhat al Akrab

NGC 5897

SN 1604

M 80

δ Dschubba

B 72

ρ-Oph-Nebel

Pfeifennebel

IC 4606
Antares
α
τ
Al Niyat

σ

M 4

π

σ Zuben Acrabi

M 19

υ

Schlange, Schlangenträger und Schild

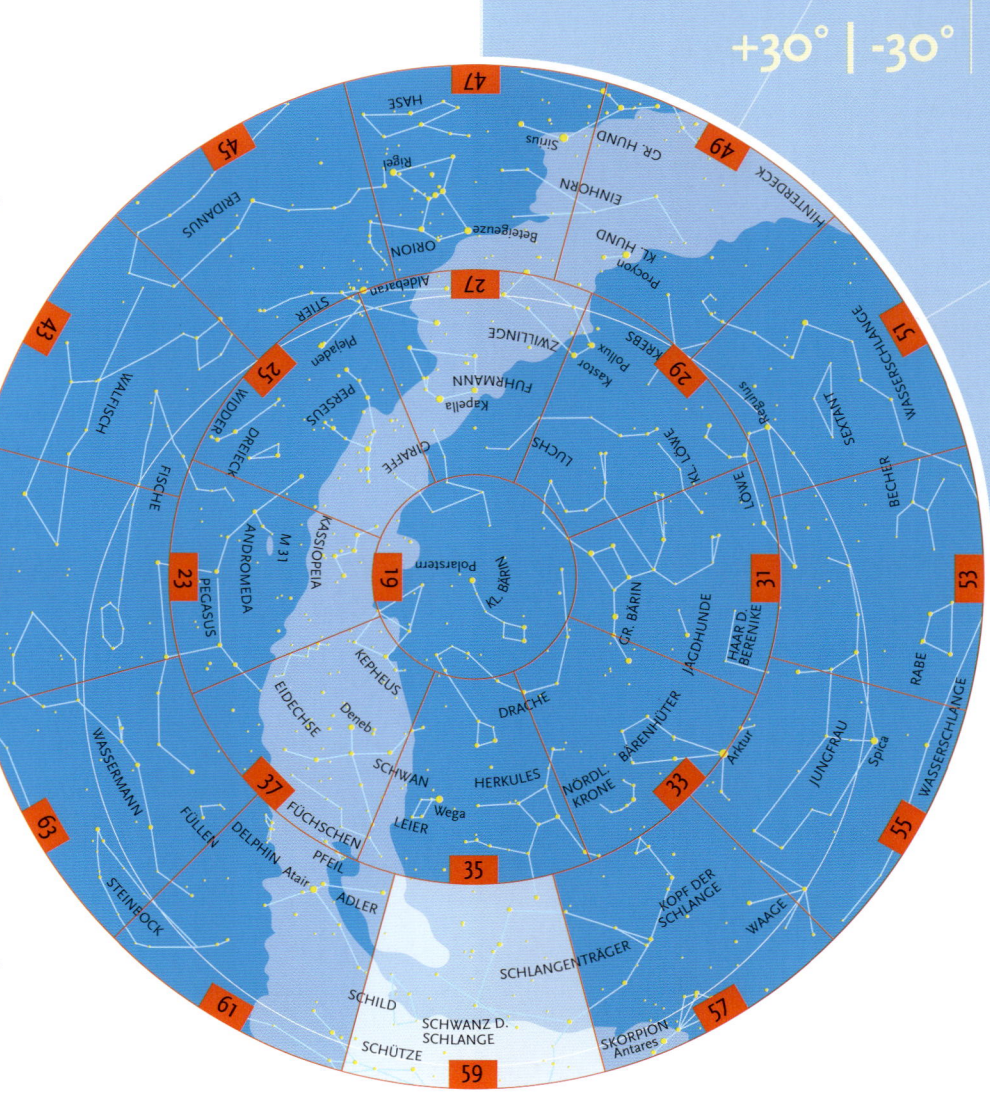

+30° | -30°

Sternhaufen M 22

Mit einer Entfernung von 10.000 Lichtjahren gehört M 22 zu den uns nahe gelegenen Kugelsternhaufen. Aufgrund seiner Nähe erscheint er heller als M 13 im Herkules (s. S. 34). Leider steigt M 22 in Mitteleuropa nie sehr hoch über den Horizont, so dass sein Glanz oft im Dunst verblasst.

Barnards Pfeilstern

Ein roter Zwergstern, der 1916 von dem amerikanischen Astronomen E. Barnard entdeckt wurde, hält den Rekord für die größte scheinbare Bewegung eines Fixsterns am Himmel. Barnard fand ihn, als er Fotoplatten aus den Jahren 1894 und 1916 miteinander verglich. Die rasche Ortsveränderung – in 350 Jahren immerhin 1 Grad – ist das Resultat seiner hohen Eigengeschwindigkeit von 160 km/s und seiner geringen Entfernung von knapp 6 Lichtjahren.

Sternhaufen M 14

In einer an auffälligen Objekten recht armen Region im Schlangenträger liegt der Kugelsternhaufen M 14. Im Gegensatz zu vielen anderen Vertretern seiner Art sind die Sterne kaum zum Zentrum hin konzentriert.

Gasnebel M 16

Aus einer 7000 Lichtjahre entfernten Gas- und Staubwolke im Sagittarius-Arm unserer Milchstraße entwickelte sich im Laufe der letzten 5 Millionen Jahre der offene Sternhaufen in M 16, dem Adler-Nebel. Das intensive UV-Licht der jungen, heißen Sterne regt das Gas zum Leuchten an. Berühmtheit erlangte M 16 durch Detailaufnahmen der als „Elefantenrüssel" bezeichneten Dunkelwolken mit dem Hubble-Weltraumteleskop. Durch den Strahlungsdruck der darin eingebetteten Sterne lösen sich diese Wolken im Laufe der Zeit auf und geben den Blick auf neue Sterne frei.

Gasnebel M 17

Wie sein Nachbar M 16, ist auch dieser Gasnebel das Resultat eines Sternentstehungs-Prozesses. Ein Gasbogen, der an den griechischen Buchstaben Ω (Omega) erinnert, gab ihm seinen Namen „Omega-Nebel". Bereits im Feldstecher ist die 6000 Lichtjahre entfernte Wolke als diffuser Lichtfleck erkennbar.

Diese Karte wird durch die Sternbilder Schlange (Serpens) und Schlangenträger (Ophiuchus) dominiert. Von dem überaus langen Sternbild Schlange ist hier nur der Schwanz (Serpens Cauda) sichtbar. Direkt neben Ras Algethi im Herkules befindet sich der noch hellere Stern Ras Alhague, der Kopf des Schlangenträgers. Der griechischen Sage nach handelt es sich beim Schlangenträger um Asklepios (lat.: Aeskulap). Jener Sohn des Apoll und der Sterblichen Koronis war als Arzt für seine Heilkünste sogar bei den Göttern berühmt, da er nach dem Tod seiner Mutter vom weisen Zentauren Cheiron gelehrt wurde. Als der Halbgott jedoch in Ermangelung kranker Menschen begann, die Toten zum Leben erwecken zu wollen, erzürnte dies den Totengott Hades. Asklepios sollte ihm nicht alle seine Schatten aus der Unterwelt entführen, weshalb er ihn vom Blitze schleudernden Zeus töten ließ. Die Menschen trauerten derart über den Tod des berühmten Arztes, dass sie ihm in Epidaurus ein Heiligtum errichteten und ihn wie einen Gott verehrten. Zeus rührte das so sehr, dass er den göttlichen Heiler später an den Himmel versetzte – und zwar weit entfernt vom Jäger Orion, den er kurz vor seinem Tod wiederzuerwecken gedachte. Vermutlich ist der legendäre Asklepios sogar einer historischen Person nachempfunden. Der Schlangenträger ist demzufolge zur Ehre des ägyptischen Arztes und Baumeisters Imbotep ersonnen worden, der vor fast 5000 Jahren lebte. Noch heute dient schließlich der Äskulapstab als weltweit bekanntes Symbol für Ärzte und Apotheker.

Übrigens nimmt der Schlangenträger einen relativ weiten Teil entlang der Ekliptik ein. Die Sonne wandert in dieses Sternbild nach nur etwa einwöchigem Aufenthalt im Skorpion. Ab Ende November hält sie sich dann fast drei Wochen lang im Schlangenträger auf, dem kein gleichnamiges „Sternzeichen" in der Astrologie zugeordnet ist. Der Ophiuchus wartet obendrein mit dem Stern auf, der am Himmel die schnellste Eigenbewegung besitzt und daher „Barnards Pfeilstern" genannt wird. Für das freie Auge ist er jedoch nicht sichtbar, zu seiner Beobachtung ist ein kleines Teleskop notwendig.

Die Milchstraße im Sternbild Scutum (Schild) ist zumindest an unserem mitteleuropäischen Sternhimmel eine der hellsten Partien unserer Galaxis und wird auch Schildwolke genannt. Wie schon andere, verdankt auch dieses Sternbild seine Existenz dem Danziger Astronomen Hevelius. Seine Sterne sind allerdings ausschließlich vierter Größe und damit nicht besonders hell, noch dazu verlieren sie sich im Sterngewimmel der Milchstraße.

Pfeil, Adler und Delphin

+30° | -30°

Sternhaufen M 11

Am Nordrand der Schildwolke liegt dieser offene Sternhaufen, der mit gutem Recht als einer der sternreichsten und schönsten des Himmels gilt. M 11 umfasst etwa 2900 Sterne, davon 500 heller als 14. Größenklasse. Da diese auf einen Durchmesser von nur 14′ verteilt sind, erinnert der Anblick ein wenig an einen Kugelsternhaufen. Das Alter des Sternhaufens wird auf 250 Millionen Jahre geschätzt.

Planetarischer Nebel M 27

Der wegen seiner Form „Hantelnebel" genannte, 8′ x 6′ große Nebel im Sternbild Füchschen ist einer der hellsten Vertreter seiner Art. Schon im kleinen Fernrohr ist er leicht zu finden, wenn man – vom Stern γ Sge ausgehend – das Teleskop 3° nach Norden schwenkt. Der Nebel expandiert mit 6″,8 pro Jahrhundert, woraus man ein Alter von 3000 bis 4000 Jahren errechnen konnte.

Sternhaufen M 71

Lange Zeit war die Natur dieses ungewöhnlichen Objekts im Sternbild Pfeil ungeklärt: Einige Anhaltspunkte sprachen eher für einen Kugelsternhaufen, während sich die lockere Struktur auch mit einem offenen Sternhaufen erklären ließ. Neuere Forschungsergebnisse sprechen jedoch eher für einen Kugelsternhaufen. Auf halbem Weg zwischen γ und δ Sge gelegen, kann M 71 schon mit einem Feldstecher beobachtet werden.

Galaxie NGC 6822

Diese irreguläre Zwerggalaxie im Schützen gehört wie die Magellanschen Wolken zur Lokalen Gruppe, deren Hauptgalaxien unsere Milchstraße und der Andromeda-Nebel bilden. Die Zuordnung wurde erst möglich, nachdem Edwin Hubble und Milton Humason um 1920 die Entfernung von NGC 6822 mittels veränderlicher Sterne des δ-Cephei-Typs bestimmen konnten. Es stellte sich heraus, dass NGC 6822 mit nur 1,7 Millionen Lichtjahren Entfernung einer unserer nächsten Nachbarn ist. Wegen der relativ geringen Helligkeit von nur 9^m,3 bei einem Durchmesser von 16′ (1/2 Vollmonddurchmesser) ist die Beobachtung jedoch nicht ganz einfach.

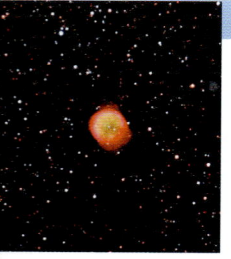

Planetarischer Nebel NGC 6781

In einem sternreichen Feld der Milchstraße liegt der Planetarische Nebel NGC 6781, der bei einer Helligkeit von nur 11^m,4 immerhin 104″ groß ist. Der Südrand ist deutlich heller als der Nordrand, weshalb sich manche Beobachter an einen „Halbmond" erinnert fühlen.

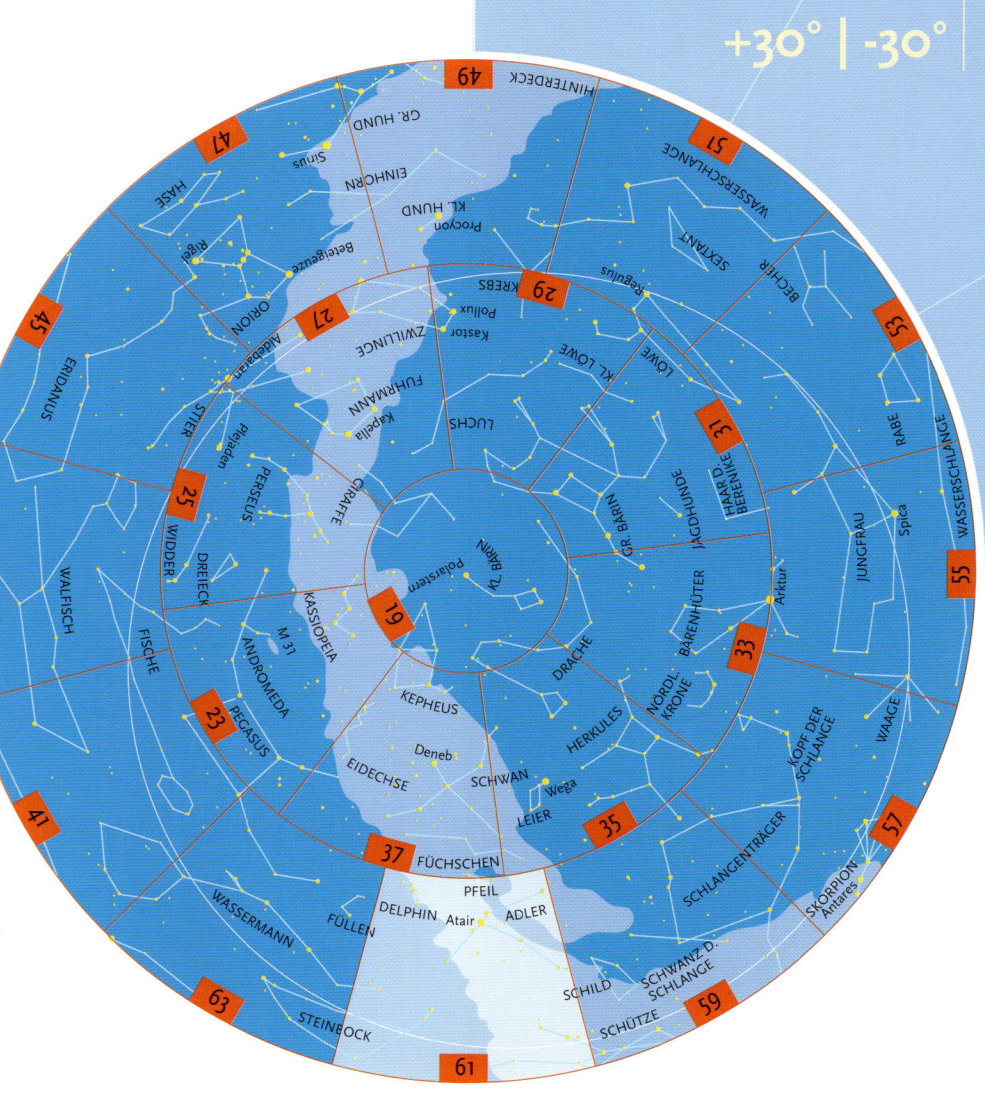

Das Sternbild Sagitta (Pfeil) steht am Himmel in der Nähe von Adler und Herkules. Der mythologische Zusammenhang steht in der Sage um den Titanen Prometheus, der den Menschen das Feuer brachte. Über dieses Belehren der Menschen war Zeus so erbost, dass er Prometheus vom Schmiedegott Hephaistos an einen Felsen im Kaukasus schmieden ließ. Ein großer, gefräßiger Adler erschien nun jeden Tag, wenn Helios seinen Streitwagen über den Himmel zu lenken begann. Der Adler stürzte sich auf Prometheus, zerfleischte dessen Brust mit seinen Krallen und riss mit dem Schnabel an der Leber. Dieses Leid dauerte 30.000 Jahre an – bis Herakles kam und den sich im Morgengrauen nähernden Riesenadler mit einem Pfeil durchbohrte. Sowohl Herakles, der Sohn des Zeus, als auch sein Pfeil und der grausame Adler wurden an den Himmel versetzt.

Atair im Adler (Aquila) bildet den südlichen Punkt des Sommerdreiecks, das mit Deneb im Schwan und Wega in der Leier als Orientierungshilfe am sommerlichen Firmament dient. Zwischen den genannten Sternbildern befinden sich die kleineren Bilder Füchschen (Vulpecula) und Pfeil (Sagitta), der manchmal auch dem Schützen (Sagittarius) zugeschrieben wird. Der Schütze befindet sich unterhalb des Adlers, und in dieser Richtung blicken wir auf das Zentrum der Milchstraße.

Der Name des hellsten Sterns im Adler lautet Atair – oder eigentlich Altair, wie er in anderen europäischen Sprachen auch genannt wird. Ursprünglich war dies das arabische Wort für das ganze Sternbild, denn es bedeutet „der Fliegende". Dieser Stern ist übrigens einer der wenigen, die schon bei Ptolemäus einen Namen hatten; er hieß dort Aetos. Etwa 5° östlich liegt der Radiant der Aquiliden, eines sommerlichen Meteorstroms. Die meisten Völker sahen hier offenbar einen Vogel, denn auch bei den Persern trug der Adler einen entsprechenden Namen. Von dieser Interpretation des Sternbildes leiten sich die Namen Alshain für β Aql und Tarazed für γ Aql ab.

Östlich der Verbindungslinie von Atair und Deneb findet man leicht das Sternbild Delphin. Die einzelnen Sterne sind zwar nicht besonders hell, und das Sternbild ist recht klein; da es aber eine sehr charakteristische Figur darstellt, ist es nicht zu übersehen.

Das kleine Sternbild Füllen (Equuleus) liegt auf halber Strecke zwischen Delphin und Pegasus. Der Name wurde wohl weniger aufgrund der Anschaulichkeit als vielmehr in Analogie zum Flügelross gewählt.

NGC 6940

FÜCHSCHEN

23   15

NGC 6885

13

M 27

η   PFEIL   α

γ

M 71   δ   C 399

β   α

DELPHIN

α Sualocin

γ

δ   Rotanev

β

Alamud alsalib   ε

κ

Deneb Alokab   ε

ζ

NGC 6709

M 15

δ — γ

β

α   γ   Tarazed

ε   α   Atair

β   Alshain

NGC 6781

FÜLLEN

δ

υ   ADLER

Al Thalimain   λ   β

12   M 11

SCHILD

α

NGC 7009

α   Algedi

ν   Al Shat   β   Dabih   NGC 6822   γ

ι   Tsin   υ   ρ   υ

Tae   υ   ρ

Chow   η   Al Baldah   π   ξ   Ain al Rami

SCHÜTZE   ν

STEINBOCK   ζ   χ   M 22

Yen   52   ψ

24   Yue   ψ   6σ   ω   Nunki   σ   φ

ω   59   τ   λ

62   Ascella   ζ

M 55

Delphin, Wassermann und Füllen

Januar   Februar   März   April   Mai   Juni   Juli   August   **September**   **Oktober**   **November**   **Dezember**

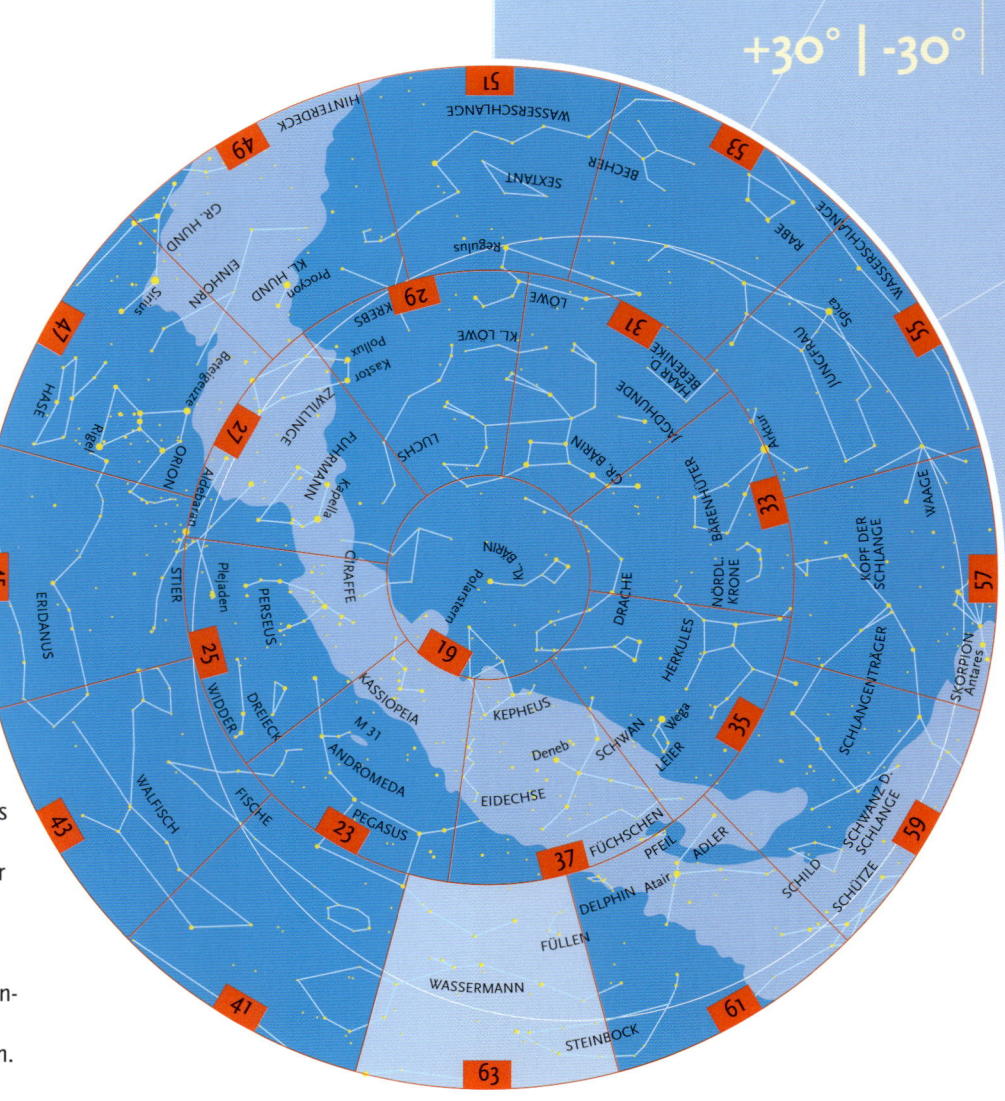

+30° | -30°

Sternhaufen M 2

Fast genau 5° nördlich von β Aqr liegt dieser kompakte Kugelsternhaufen, der mit einer Helligkeit von 6,3 Größenklassen schon im Feldstecher sichtbar ist. Auffällig ist das leicht abgeplattete Erscheinungsbild des 13′ großen und ca. 38.000 Lichtjahre entfernten Haufens.

Planetarischer Nebel NGC 7009

Dieser kleine Planetarische Nebel im Sternbild Wassermann erhielt seinen Namen „Saturn-Nebel" von Lord Rosse, der um 1840 herum in seinem Riesenfernrohr henkelartige Strukturen erkannte, die ihn an die Ringe des Planeten Saturn erinnerten.

Planetarischer Nebel NGC 7293

Ebenfalls im Wassermann befindet sich der uns wahrscheinlich nächstgelegene Planetarische Nebel. Aufgrund seiner Nähe erscheint uns der „Helix-Nebel" stattliche 16′ x 12′ groß; das ist immerhin der halbe Vollmonddurchmesser. Trotz seiner Größe besitzt er aber nur eine geringe Flächenhelligkeit, so dass er nur bei dunklem Himmel beobachtet werden kann – dann ist er aber schon in einem Feldstecher zu sehen.

Sternhaufen M 15

Hinsichtlich Helligkeit und Durchmesser ist der Kugelsternhaufen M 15 vergleichbar mit seinem 15° südlicher gelegenen Nachbarn M 2; allerdings ist die Anzahl und Konzentration der Sterne bei M 15 deutlich höher. In M 15 wurden bis heute 9 Pulsare entdeckt, also rotierende Neutronensterne, die aus einer Supernovaexplosion ähnlich der des Krabben-Nebels (s. S. 46), hervorgegangen sind.

Stern 51 Peg

Diesen 50 Lichtjahre entfernten Stern vom Spektraltyp G2 kann man hinsichtlich Masse und Leuchtkraft beinahe als Zwilling der Sonne bezeichnen. Im Jahre 1995 erlangte er schlagartig Berühmtheit, als die Schweizer Astronomen Michel Mayor und Didier Queloz sowie ihre amerikanischen Kollegen Geoff Marcy und Paul Butler durch spektroskopische Beobachtungen bewiesen, dass der Stern von einem Planeten mit ca. einer halben Jupitermasse umkreist wird. Dieser ersten Entdeckung eines extrasolaren Planeten sollten in den nächsten Jahren noch Dutzende folgen.

Der Delphin ist eines der schönsten Sternbilder des Sommerhimmels. Eindrucksvoll erkennt man das Tier, wie es in einem typischen Sprung das Wasser verlässt. Zeus versetzte den Meeressäuger an den Himmel, weil dieser den Sänger Arion gerettet hatte, dessen Gesang die strömenden Wasser zum Stehen bringen konnte. Auf einer seiner Reisen wurde Arion auf hoher See von Piraten bedroht, denen er nur entkommen konnte, indem er ins Wasser sprang, wo der Delphin ihn aufnahm und sicher über das Meer trug.

Der Wassermann (Aquarius) war früher das Symbol für die Regenzeit, denn dann (ab Ende Januar) stand die Sonne in diesem Sternbild. In ihm sieht man die Darstellung eines Mannes, der aus einer Amphore einen (Sternen-)Regen hinabgießt. Wie sehr der Beginn der Regenzeit herbeigesehnt wurde, davon vermitteln die Namen der Sterne einen Eindruck: Der Name des Hauptsterns Sadalmelik bedeutet „Glück des Königs". Dieser Stern, der die Schulter des Wassermanns markiert, ist jedoch nur etwa 3^m hell. β Aqr erscheint am Himmel nur unbedeutend heller. Sein arabischer Name Sadalsuud bedeutet „Glück des Glücklichsten". Der Stern γ Aqr heißt „Glück des Versteckten", was eine Anspielung auf das Wiedererwachen der Natur im Frühjahr sein dürfte. Skat, wie δ Aqr genannt wird, kann man unterschiedlich interpretieren. Entweder ist diese Bezeichnung abgeleitet von Al Sak, dem Schienbein des Wassermanns, oder von Al Shiat, einem Wunsch. Passenderweise liegt hier in der Nähe auch der Radiant des spätsommerlichen Meteorstroms der δ-Aquariden. Auch in der Nähe von η Aqr liegt ein Radiant. Seine Sternschnuppen, die Ende April bis Anfang Mai ihr Maximum haben, sind jedoch nicht ganz so eindrucksvoll.

Im Tierkreis ihm vorausgehend befindet sich der Steinbock (Capricornus) am westlichen Kartenrand. Ursprünglich handelte es sich hierbei allerdings um einen Ziegenfisch. Die Bergziege, die in kargen Höhen lebt, steht für das Ende der Trockenzeit, während der Fisch im Wasser ein Vorbote des Regens ist.

Auf etwa halber Strecke zwischen Pegasus und Adler findet man das Sternbild eines kleinen Pferdchens (Equuleus, das Füllen). Dem antiken Astronomen Hipparchos, der bereits etwa 135 v. Chr. ein Verzeichnis von ca. 800 Sternen anlegte, wird seine Erfindung zugeschrieben. Allerdings ist bei Ptolemäus bloß der Oberkörper gezeichnet. Er dachte sich also eine Art Büste eines Tieres – eine Idee, die später oft aufgegriffen wurde. Der Name Kitalpha für den Stern α war das arabische Wort für die ganze Figur und bedeutet „Teil des Pferdes".

Das Kreuz des Südens

Inmitten der südlichen Milchstraße liegt ein kleines, aber sehr markantes Sternbild: das Kreuz des Südens. Die Dunkelwolke „Kohlensack" trennt es von den zwei hellsten Sternen des Zentauren; zum helleren von beiden, Alpha, gesellt sich (allerdings hier unsichtbar) der uns nächstgelegene Fixstern Proxima Centauri. Manche Astrofotografen erzeugen solche übermäßig großen Sterne in ihren Aufnahmen künstlich. Für dieses Bild hat der ästhetische Anblick aber eine natürliche, im Grunde unerwünschte Ursache: In der kalten Nacht beschlug das Objektiv.

Bildhauer, Phönix, und Tukan

Januar | Februar | März | April | Mai | Juni | Juli | August | **September** | **Oktober** | **November** | **Dezember**

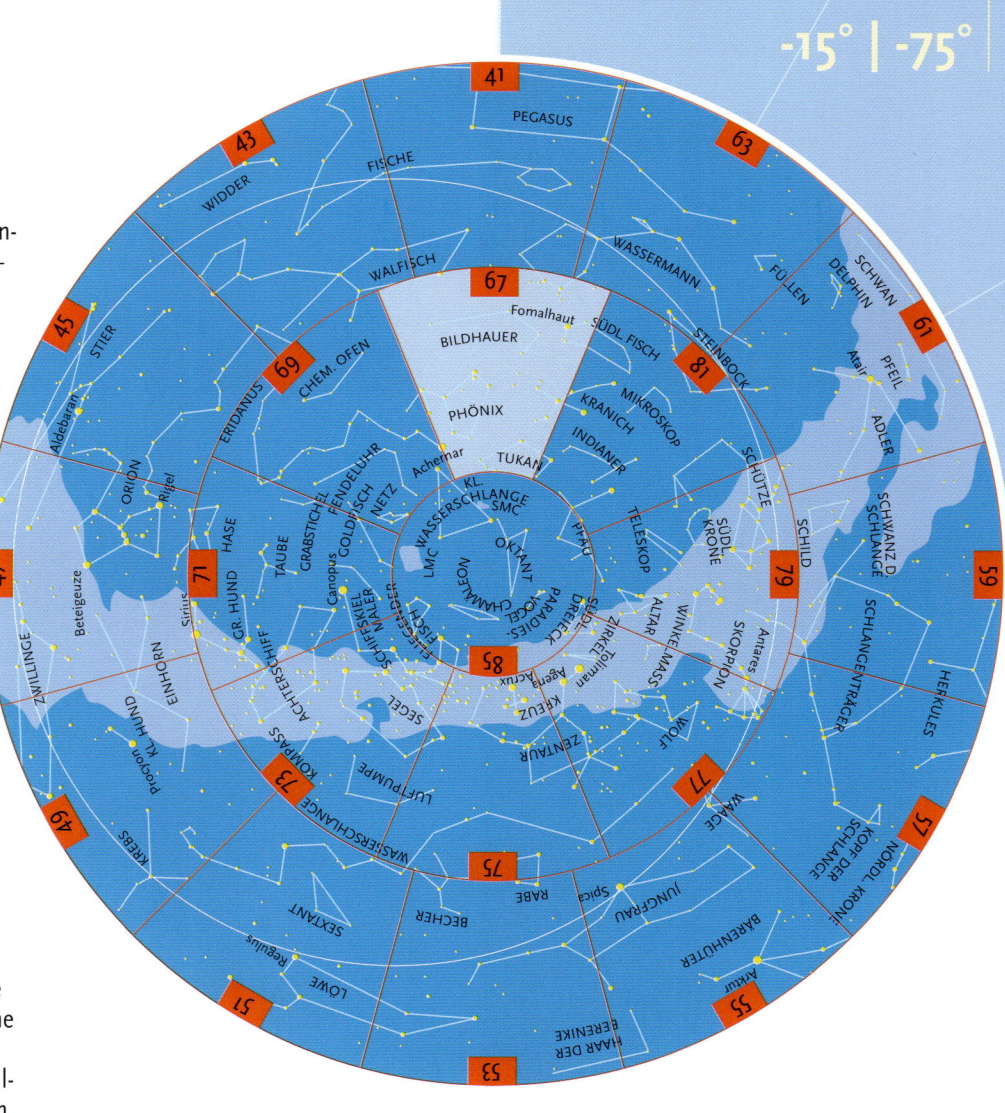

-15° | -75°

Galaxie NGC 55

Wie die 15° weiter nördlich gelegene Galaxie NGC 253 (s. S. 40) gehört auch NGC 55 zur Sculptor-Galaxiengruppe, dem der Lokalen Gruppe benachbarten Galaxienhaufen. Im Fernrohr erkennt man eine 20′ lange Spindel, die – anders als sonst bei Galaxien in Kantenlage – kein äquatoriales Staubband zeigt. Zudem ist der westliche Teil deutlich heller, so dass NGC 55 vielfach als irregulär klassifiziert wird.

Galaxie NGC 7793

Mit einer Ausdehnung von 10′ x 6′ gehört NGC 7793 eher zu den kleineren Mitgliedern der Sculptor-Galaxiengruppe. Sie besitzt nur etwa ein Fünftel des Durchmessers unserer Milchstraße. Trotzdem ist NGC 7793 wegen ihrer hohen Flächenhelligkeit ein auffälliges Objekt.

Sculptor-System

Diese 1,°3 große Zwerggalaxie ist nur etwa 50-mal so groß wie ein Kugelsternhaufen und wegen ihrer geringen Sterndichte nur fotografisch zu erkennen, obgleich sie mit 270.000 Lichtjahren nicht viel weiter entfernt ist als die Große Magellansche Wolke. Die hellsten Sterne sind mit 18. Größenklasse sehr lichtschwach. Ähnliche Zwerggalaxien wurden in den Sternbildern Chemischer Ofen, Drache und im Großen Wagen entdeckt, so dass man annimmt, dass dieser Typ sehr verbreitet ist. Aufgrund ihrer geringen Helligkeit können sie aber nur innerhalb der Lokalen Gruppe beobachtet werden.

Stern Fomalhaut

Tief am Südwesthorizont sieht man im Herbst und Winter einen hell leuchtenden, weißen Stern funkeln – es ist Fomalhaut, der Rachen des Sternbildes Südlicher Fisch. Wegen seiner Position in einer recht sternarmen Himmelsgegend heißt er auch manchmal „der Einsame". Die griechische Mythologie berichtet von Typhon, einem Ungeheuer, das jetzt unter den Auswürfen des Ätna begraben liegt. Dagegen war in frühen arabischen Zeiten auch „Al Difdi al Awwal", der „erste Frosch" gebräuchlich.
Fomalhaut ist ein heißer Stern vom Typ A, gehört also zur jüngeren Generation von Sternen, die etwa 10- bis 100-mal so viel Energie abstrahlen wie unsere Sonne. Aus einer Entfernung von 23 Lichtjahren erscheint er am irdischen Himmel etwa 1ᵐ hell. In der Liste der hellsten Sterne befindet sich Fomalhaut an 18. Stelle.

Recht zentral in diesem Himmelsausschnitt befindet sich das Sternbild Phönix. Der Vogel am Ende des Flusses Eridanus, der alle 500 Jahre erscheint, verbrennt, aus seiner eigenen Asche wieder aufersteht und davonfliegt, ist eigentlich eine griechische Sagengestalt. Dennoch handelt es sich hierbei nicht um ein klassisches Sternbild. Auch im alten Ägypten wurde der Vogel bereits verehrt, und in Heliopolis (der Sonnenstadt) gab es sogar einen großen Phönixtempel. Im Christentum wurde der Phönix später zum Symbol der Auferstehung. Von Bayer wurde dieses Sternbild an den Himmel gesetzt, um eine Gegend zu füllen, die bei den Arabern als Kahn (aus α, κ, β und γ) bekannt war.
Manchmal wurde an dieser Stelle auch ein Straußenjunges gesehen, denn das zugehörige Straußennest befand sich etwas nördlich aus Sternen, die wir heute größtenteils dem Fluss Eridanus zuordnen. Von der zuerst genannten Variante leitet sich der Name Nair al Zaurak für α ab, was „den hellsten Stern des Kahns" bedeutet. Sowohl bei den Ägyptern als auch bei den Indern und Persern war der Vogel ein Symbol für zyklische Perioden. Die Chinesen, die die Idee zur Verkörperung eines Vogels von den Jesuiten übernahmen, bezeichneten ihn als Feuervogel.
Das Sternbild Sculptor wird heutzutage mit Bildhauer übersetzt. Allerdings dachte Lacaille bei der Erfindung des Bildes nicht wirklich an eine Person. Er nannte es eigentlich l'Atelier du Sculpteur, also Werkstatt des Bildhauers – was der Anschauung aber auch nicht besonders zuträglich ist.
Das heute Kranich genannte Sternbild entstand ebenfalls erst in der Neuzeit. In Griechenland kommt dieses Bild niemals über den Horizont – und das war vor ca. 2000 Jahren nicht anders. So weit südlich konnte man in der Antike gar keine Bilder festlegen. Im Zuge der Entdeckerfahrten war man von der fremden Fauna so beeindruckt, dass man z. B. auch einen Tukan oder einen Flamingo als Sternbilder an den Himmel versetzte. Letzteres Bild wandelte sich jedoch im Laufe der Zeit in den Kranich.
Erneut war es Bayers Uranometria, die als erstes das Sternbild Tucana zeigt. Der Tukan ist mit seinem großen, farbigen Schnabel einer der prächtigsten und ungewöhnlichsten Vögel, die die seefahrenden Entdecker beschrieben. Mit seinen Füßen steht das Tier in der Kleinen Magellanschen Wolke (Small Magellanic Cloud, SMC), in deren Nähe sich auch 47 Tucanae, der zweithellste Kugelsternhaufen des Himmels befindet.

Eridanus, Pendeluhr und Chem. Ofen

Januar   Februar   März   April   Mai   Juni   Juli   August   September   **Oktober**   **November**   **Dezember**

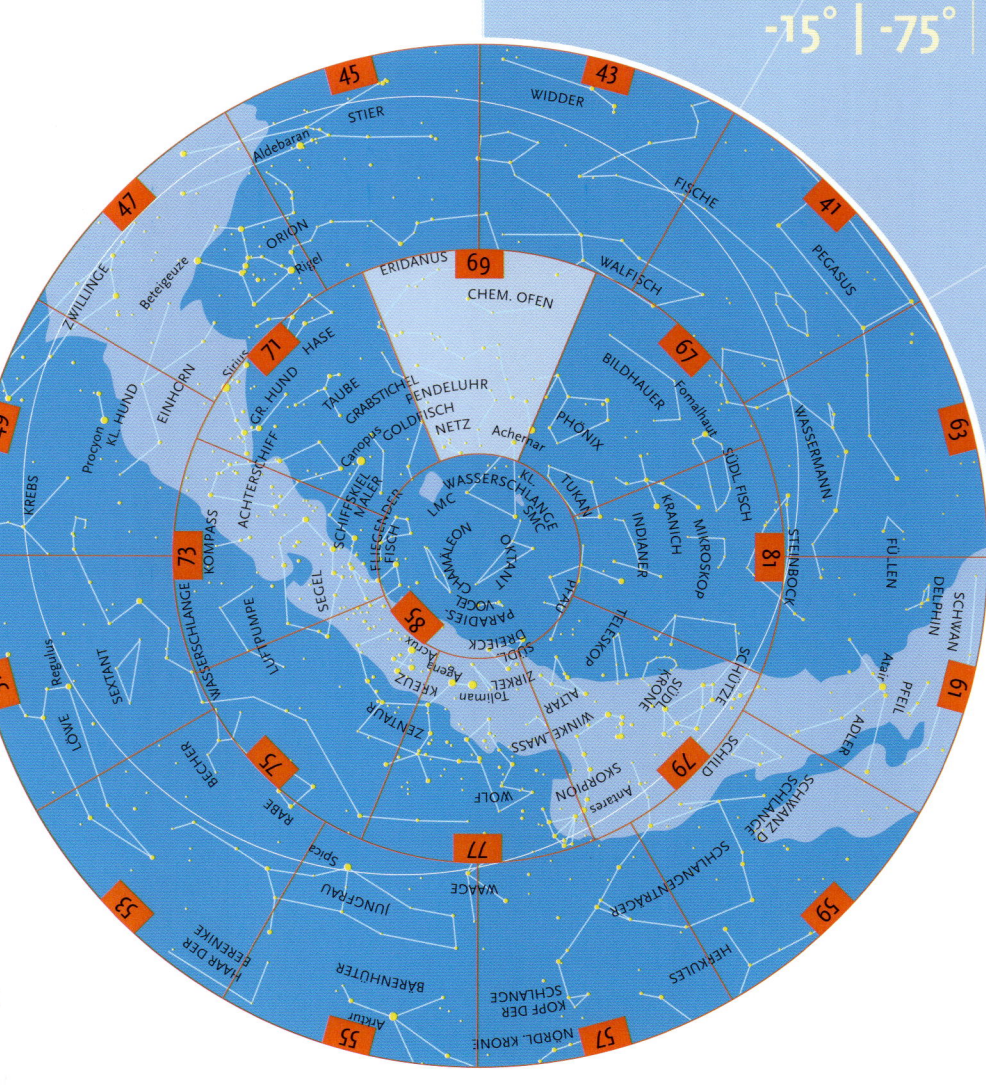

-15° | -75°

Fornax-Galaxienhaufen

An der Grenze zwischen den Sternbildern Chemischer Ofen und Eridanus liegt eine kompakte Gruppe von 18 helleren und zahlreichen lichtschwächeren Galaxien. Das hellste Objekt ist NGC 1316, eine elliptische Galaxie 10. Größenklasse. Sehenswert ist die 8,′0 x 3,′5 große Balkenspirale NGC 1365 (Bild links). Vollkommen rund ist hingegen die zweithellste Galaxie des Haufens, NGC 1399.

Fornax-System

Neben dem Galaxienhaufen findet man im Sternbild Chemischer Ofen auch eine Zwerggalaxie, ähnlich der im Sternbild Bildhauer (s. S. 66). Da die hellsten Sterne lediglich 19. Größenklasse besitzen, war die 630.000 Lichtjahre entfernte Galaxie auf den ersten Aufnahmen, die 1938 mit Großteleskopen entstanden, kaum von einem Fehler der Fotoplatte zu unterscheiden. Mehrere Kugelsternhaufen im Fornax-System sind schon in Amateurteleskopen zu erkennen.

Galaxie NGC 1097

Eine weitere Balkenspiralgalaxie befindet sich 2,°2 nordwestlich von β For. Lang belichtete Aufnahmen zeigen einen Halo, der von gigantischen Jets durchzogen wird.

Planetarischer Nebel NGC 1360

Ebenfalls im Sternbild Chemischer Ofen befindet sich ein ungewöhnlich großer Planetarischer Nebel. Da sich die Helligkeit auf eine Fläche von 7′ x 4′ verteilt, benötigt man zur Beobachtung einen dunklen Nachthimmel. Ebenfalls hilfreich sind spezielle Nebelfilter, die störendes Hintergrundlicht unterdrücken.

Stern Achernar

Der neunthellste Stern des Himmels ist Achernar am Ende des Flusses Eridanus. Der etwa sieben Sonnendurchmesser große Blaue Riese beeindruckt durch sein Strahlen mit 0,^m5 leider nur die Beobachter auf der Südhalbkugel der Erde. Seine Temperatur ist mit etwa 14.000 K mehr als doppelt so hoch wie die der Sonne; die Entfernung beträgt 115 Lichtjahre. Obgleich Ptolemäus den Stern von Alexandria aus hätte sehen müssen, erwähnte er ihn nicht; ein Hinweis darauf, dass der ptolemäische Katalog nicht auf seinen eigenen Beobachtungen basiert, sondern auf dem Katalog von Hipparchos, für den auf Rhodos Achernar unsichtbar blieb.

Der Fluss Eridanus wurde als längstes Sternbild der südlichen Himmelshalbkugel bereits erwähnt. Er erstreckt sich vom Himmelsäquator bis fast -60° Deklination. Jedoch sind nur 11 seiner Sterne heller als 4. Größenklasse. Zu ihnen zählt aber auch der neunthellste Stern des Himmels, der strahlende Achernar. Der Name dieses hellsten Sterns bedeutet „Ende des Flusses", das er ja auf heutigen Karten auch oft markiert. Allerdings steht ihm dieser Name in Wirklichkeit gar nicht zu, denn er war vorher bereits an ϑ Eri vergeben und nicht an α. Die mythologische Bedeutung des Gewässers wechselte oft, indem er zuweilen auch als Padus, Nil, Oceanos und schließlich in modernerer Zeit sogar als der norditalienische Po interpretiert wurde. Schlussendlich wurde das Bild nach dem griechischen Fluss benannt, in den Phaeton, der Sohn des Helios gefallen war, nachdem er darauf bestanden hatte, den Sonnenwagen über den Himmel lenken zu wollen. Die Namen Beemim und Theemim für die Sterne υ1 und υ2 deuten darauf hin, dass die Araber und Juden hier ihre Zwillinge sahen. Die einleuchtendste Ableitung der Namen stammt hier aus dem Hebräischen: Bamma'yim bedeutet „im Wasser".

Östlich des glänzenden Achernar ist das unscheinbare Sternbild Pendeluhr (Horologium) angesiedelt. Zeitweise tauchte hier eine Sternenkonfiguration mit dem Namen Horoskop auf, die später wahrscheinlich zum Horologium umgewandelt wurde. Der angebliche Grund für die Erfindung eines solchen Sternbilds durch den weit gereisten Mathematiker und Geodäten Abbé Nicolas Louis de Lacaille war, dass ein Schiff ohne präzise Uhren nicht navigieren könnte. Tatsächlich führte die von Christian Huygens gerade erst (1656) erfundene Pendeluhr zu ungeahnter Präzision bei der Zeitmessung und Navigation. Deswegen, so schlussfolgerte de Lacaille, sei es angebracht, in der Nähe des großen Sternenschiffs Argo nicht nur einen Kompass, sondern auch eine Uhr anzusiedeln.

Fornax, der Ofen, wurde von de Lacaille eigentlich als Chemischer Ofen, Fornax Chymiae (oder Fornax Chemica) unter den Sternen verewigt. Jedoch lässt man heute, wie auch beim (rhombischen) Netz, meist das konkretisierende Adjektiv weg. Bode hatte zeitweise den Titel in „Chemischer Apparat" geändert, und manchmal wird Fornax auch mit „Schmelzofen" übersetzt. Es war ein Versuch, dieses wichtige neue Gerät der Wissenschaft am Firmament festzuhalten. Die Chinesen hingegen sahen an dieser Stelle die „provisorische Kornkammer des Himmels".

WALFISCH

γ

τ

υ

NGC 1300

τ₁

τ₂ Agetenar

ERIDANUS

τ₅

τ₄

NGC 1232

τ₃

CHEMISCHER OFEN

τ₆

τ₇

γ

ω

τ₉ τ₈

α

NGC 1360

NGC 1097

υ₁ Beemim

β

Theemim

υ₂

Fornax-Galaxienhaufen

φ

Fornax-System

υ₃

υ₄

g

NGC 1399

h

NGC 1365

NGC 1316

ϑ

ι

χ

ς

PHÖNIX

δ

e

α

κ

ψ

γ

PENDELUHR

β

δ

γ

φ

χ

GOLDFISCH

α

ζ

α

Achernar

η

Kaou Pih

ζ

ε

λ

κ

δ

α

ϑ

β

γ

NETZ

β

α

γ

KLEINE WASSERSCHLANGE

β

γ

β

η

ε

π

δ

ζ

ϑ

λ

δ

Kin Yu

ε

LMC

η

ε

NGC 2070

υ

NGC 362

TUKAN

γ

ν

π

SMC

47 Tuc

Großer Hund, Taube und Goldfisch

Januar | Februar | März | April | Mai | Juni | Juli | August | September | Oktober | November | Dezember

Sternhaufen M 41

Im Großen Hund liegt der helle Sternhaufen M 41, der wegen seiner Lage (genau 4° südlich von Sirius) leicht im Feldstecher zu finden ist. Der hellste Stern nahe dem Zentrum des Haufens ist ein roter Riesenstern und etwa 700-mal leuchtkräftiger als die Sonne.

Große Magellansche Wolke (LMC)

Mit einer Entfernung von 180.000 Lichtjahren galt die Große Magellansche Wolke lange Zeit als unsere nächstgelegene Nachbargalaxie (erst 1994 wurde im Schützen eine 80.000 Lichtjahre entfernte, elliptische Zwerggalaxie entdeckt). So ist es nicht verwunderlich, dass sie auch in Vollmondnächten sichtbar ist, obgleich sie mit einem Durchmesser von 30.000 Lichtjahren deutlich kleiner als z. B. unsere Milchstraße oder der Andromeda-Nebel ist. Benannt wurde die Große Magellansche Wolke nach dem portugiesischen Seefahrer Magellan, dessen Schriftführer 1519 erstmals von ihr berichtete. Da die Große Magellansche Wolke nur 20° vom südlichen Himmelspol entfernt liegt, muss man allerdings in Länder südlich des Äquators reisen, um sie hoch am Himmel zu sehen. Im Fernrohr erkennt man eine große Anzahl von Gasnebeln und Kugelsternhaufen.

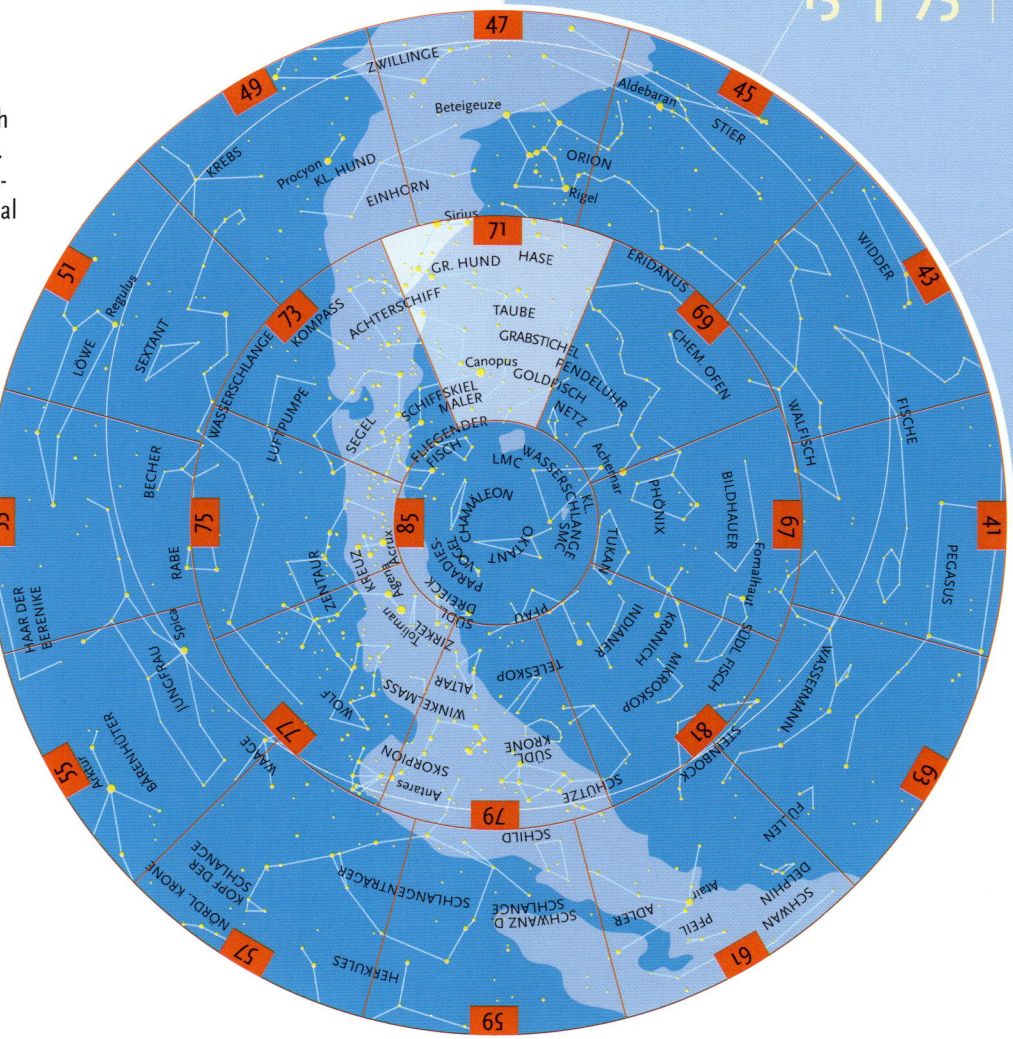

Gasnebel NGC 2070

Der größte Gasnebel in der Großen Magellanschen Wolke wurde im 18. Jahrhundert zunächst für einen Stern gehalten und trägt daher auch die Bezeichnung 30 Doradus. Wäre er so nah gelegen wie der Orion-Nebel, würde diese auch Tarantel-Nebel genannte Gaswolke am Himmel eine Fläche von 30° Durchmesser einnehmen. In seinem Zentrum beherbergt er mehr als hundert extrem massereiche Sterne. Unweit des Tarantel-Nebels explodierte am 24. Februar 1987 ein Stern als Supernova.

Sternhaufen M 79

Dieser Kugelsternhaufen im Sternbild Hase ist einer der wenigen Vertreter seiner Art in diesem Teil des Himmels. Der Grund dafür liegt darin, dass die meisten Kugelsternhaufen einen Halo um das Zentrum der Milchstraße bilden und daher vorzugsweise am (Nord-)Sommerhimmel anzutreffen sind. Mit einer Helligkeit von 8ᵐ4 gehört er zu den weniger auffälligen Messier-Objekten, was nicht zuletzt an seiner Entfernung von immerhin 50.000 Lichtjahren liegt.

Wie das unscheinbare Sternbild Caelum (Grabstichel), so ist auch Reticulum, das (rhombische) Netz, eine der Erfindungen von de Lacaille. Gezeichnet wurde es zwar erstmalig von Isaak Habrecht oder Jakob Bartsch in Straßburg als Rhombus, aber der französische Mathematiker, der jahrelang in Südafrika Vermessungen vorgenommen hatte, wollte hier vermutlich sein im Süden viel zur Beobachtung genutztes Fadenkreuz verewigen. Unmittelbar neben diesem kleinen Sternbild befindet sich Dorado, der Goldfisch, mit der Großen Magellanschen Wolke. Obgleich zuerst von Bayer veröffentlicht, ist die Bezeichnung ausnahmsweise spanisch. Sie bezieht sich auf einen der großen Tropenfische und keineswegs auf die hier von Liebhabern gehaltene Zwergversion. Das Sternbild wird oft auch Schwertfisch (Xiphias) genannt; eine Bezeichnung, die auf Sir Edmond Halley zurückgeht. Im Kopf des Goldfischs befindet sich der Südpol der Ekliptik. Die Sterne ε und ζ tragen chinesische Namen; jedoch sind sie vermutlich nicht klassisch, sondern erst vergeben worden, nachdem die Jesuiten das Sternbild in China eingeführt hatten.

Im Großen (Jagd-)Hund (Canis Major) des Orion erstrahlt Sirius, der hellste Stern des Nachthimmels. Als solcher erregte er natürlich zu allen Zeiten Aufmerksamkeit, was sich auch im Namen äußert, der sich von dem griechischen Wort für Funkeln oder auch Verbrennen/Ausdörren ableitet. Er wird auch Hundsstern genannt, denn im alten Ägypten war sein erstmaliges Erscheinen mit den trockensten Tagen des Jahres gekoppelt. Die besondere Kenntnis, die der afrikanische Stamm der Dogon von der Doppelsternnatur dieses Brillanten hat, beflügelt des Öfteren auch esoterische Spekulationen.

Südwestlich befindet sich das unscheinbare Sternbild Columba (Taube). Die Sterne sind zwar seit dem Altertum bekannt, aber so schwach (und für uns zu nah über dem Horizont), dass sie weder bei Tycho noch bei Hevelius oder Flamsteed erwähnt wurden. Dass dieses Sternbild ein biblisches ist, verrät der historisch vollständige Name Columba Noae; es handelt sich also um die Botschafterin, die Noah laut dem Alten Testament zur Erkundung losgeschickt haben soll.

Pictor, der Maler, eigentlich erschaffen als Equuleus Pictoris (die Malerstaffelei) und Mensa, eigentlich Mons Mensae (Tafelberg), gehören zum Erbe von de Lacaille. Er war bei seinem Aufenthalt in der Nähe von Kapstadt so von dem Berg beeindruckt, dass er ihm ein eigenes Sternbild widmete.

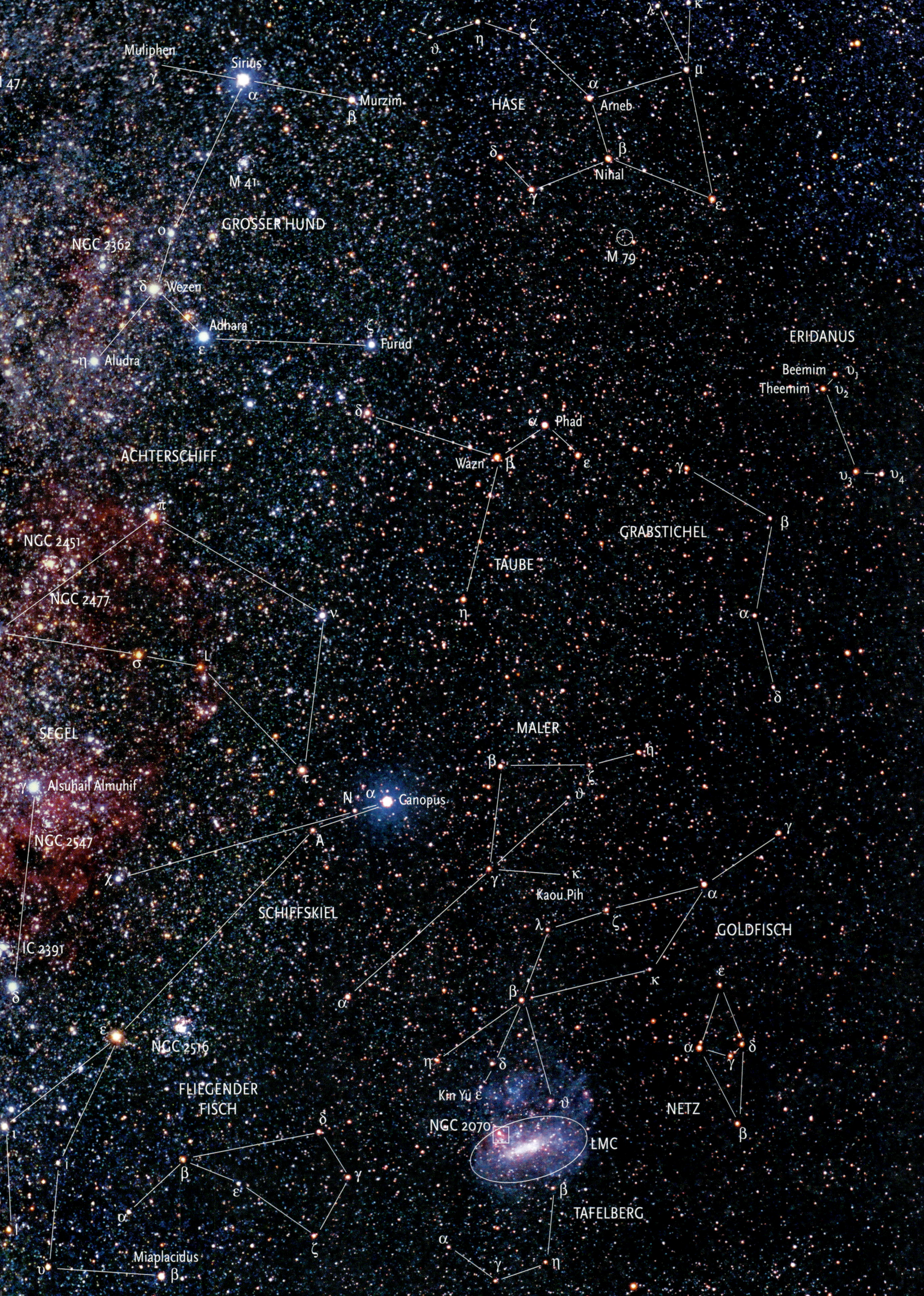

Das dreigeteilte Himmelsschiff Argo

-15° | -75°

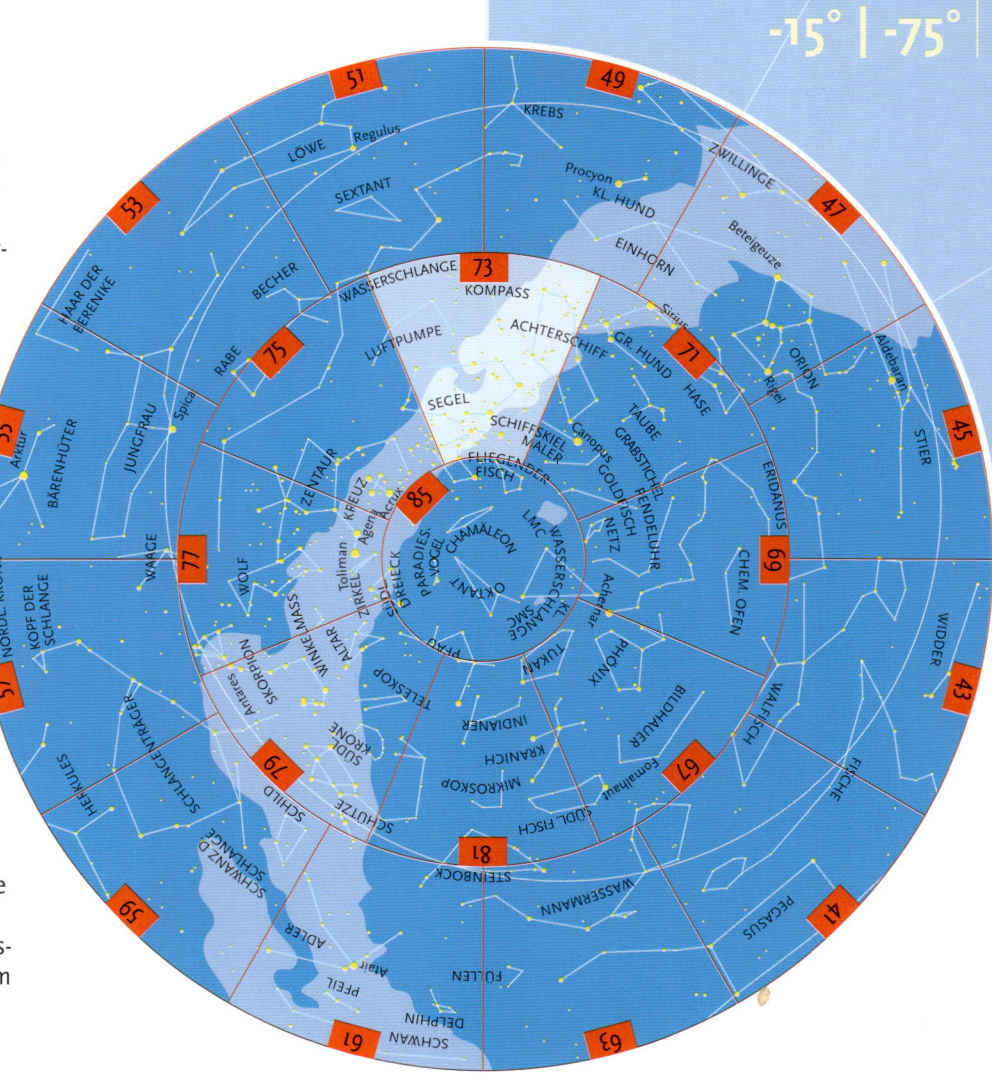

Sternhaufen M 93

Der offene Sternhaufen M 93 im Sternbild Puppis (Achterschiff) war eines der letzten von Messier persönlich entdecken Objekte. Die Ansammlung von mindestens 80 Sternen wurde von verschiedenen Beobachtern als „Schmetterling" oder „Seestern" beschrieben.

Sternhaufen NGC 2477

Etwa 2°,5 nordwestlich von ζ Pup liegt ein weiterer offener Sternhaufen. Er enthält 300 Sterne innerhalb eines Durchmessers von 25′ und ist damit wohl der sternreichste und schönste offene Haufen in dieser Himmelsregion. Dass er dennoch nicht in Messiers Nebelkatalog auftaucht, liegt an seiner weit südlichen Position. Man muss schon bis nach Süditalien reisen, damit er wenigstens 10° über den Horizont steigt. Seine Entfernung beträgt ca. 4200 Lichtjahre.

Sternhaufen NGC 2516

Ein schöner offener Sternhaufen liegt am Rande der Milchstraße im Sternbild Schiffskiel. Mit mehr als 100 Sternen, die über einen Durchmesser von 1° verstreut sind, ist er schon mit bloßem Auge leicht zu erkennen. Nahe dem Zentrum des Haufens befindet sich ein auffälliger Roter Riesenstern.

Gum-Nebel

Auf lang belichteten Aufnahmen im Licht der roten Wasserstofflinie fällt sofort der nach seinem Entdecker benannte Gum-Nebel ins Auge, der mit einer Ausdehnung von 40° das gesamte Sternbild Segel (Vela) umschließt. Seinen Ursprung hat der Nebel in einer Supernovaexplosion, von der aber weder Ort noch Zeit bekannt sind. Mitten im Gum-Nebel befindet sich der Vela-Supernovaüberrest, der vor ca. 11.000 Jahren in einer weiteren Supernovaexplosion entstanden ist.

Gasnebel um RCW 38/40

Eingebettet in den Gum-Nebel liegen die Sternentstehungsregionen RCW 38 und 40. Die Bezeichnung RCW stammt von den Anfangsbuchstaben der Autoren Rogers, Campbell und Whiteoak, die 1960 einen Katalog von Hα-Regionen in der südlichen Milchstraße erstellten. Alternativ sind die beiden Emissionsnebel auch unter den Nummern Gum 23 und 25 bekannt, die auf einen Nebelkatalog von Colin Gum zurückgehen. Der nördlich gelegene RCW 38 wird durch Staubbänder in vier Teile untergliedert und ähnelt damit dem „Katzenpfoten-Nebel" NGC 6334 (s. S. 78).

Einstmals waren die Schiff fahrenden Völker sehr mächtig. So ergaben sich auch viele Mythen rund um die Seefahrt, z. B. die berühmten Sagen der Argonauten, einer Gruppe der populärsten griechischen Helden. Ihr Schiff, die Argo, projizierte man zwischen die Sterne. Doch nicht nur die griechische Argo wurde hier hineininterpretiert. Unter den Römern war die Vielfalt groß, denn manchmal verkörperte es auch den Kahn des Osiris, ein Piratenschiff oder das Mondvehikel. Auch die Araber sahen hier ein Schiff.

Zu christlicher Zeit wurde versucht, den Sternbildern biblische Namen zu geben. Natürlich glaubte man, hier Noahs Arche zu erblicken. Jedoch war dieses Sternbild so riesig, dass man es in späterer Zeit unterteilte, indem verschiedene Einzelteile des Schiffs als separate Bilder betrachtet wurden. Fortan existieren Segel (Vela), Schiffskiel (Carina) und Achterschiff (Puppis) als benachbarte, aber unabhängige Sternbilder. Dabei wurde die ursprüngliche Buchstabenbezeichnung nicht verändert, so dass der Stern α im Sternbild Schiff heute zwar auch α Car ist, aber im Segel gibt es keinen Stern α. Als de Lacaille einen Schiffskompass (Pyxis) am Himmel erfand, wählte er dafür zweckmäßig eine Gegend nahe dem Schiff. Jedoch liegt der Kompass nun etwas deplaziert am Mast.

Canopus (α Car) ist der zweithellste Stern des Nachthimmels. Der Stern an der Heckspitze des Schiffes wurde nach dem Steuermann der Flotte des Menelaos benannt, der nach der Eroberung Trojas in Ägypten starb. Bezeichnenderweise wird der helle Stern heute oft zur Navigation von Raumsonden verwendet. Seine recht große Distanz von der Ekliptik prädestiniert ihn dafür. Nach jenem berühmten Führer wurde dann in Ägypten eine Stadt bei dem heutigen Dorf Al Bekur benannt, die mittlerweile allerdings in Ruinen liegt. Von den terrassenförmigen Mauern des Osiris-Tempels der antiken Stadt Canopus soll der letzte große Philosoph des Altertums, Ptolemäus, seine umfangreichen Beobachtungen des gestirnten Himmels gemacht haben.

Im Sternbild Puppis (Achterschiff) ist ζ der hellste Stern. Er trägt den Eigennamen Naos, das Schiff. Der strahlend weiße Stern ist einer der gleißendsten am ganzen Himmel. Seine Leuchtkraft übersteigt die der Sonne etwa um das 60.000fache.

Abermals war es de Lacaille, der die Luftpumpe an den Himmel versetzte. Wie der Fliegende Fisch (Volans), der von Bayer an eine kahle Stelle südlich von Canopus gesetzt wurde, enthält auch dieses südliche Sternbild keinen einzigen Stern mit Eigennamen.

M 47

M 46

WASSERSCHLANGE

κ

υ

μ

NGC 3242

KOMPASS

ρ

Asmidiske

ξ

M 93

NGC 2362

LUFTPUMPE

ϑ

γ

NGC 2477

NGC 2451

Aludra

η

ζ

α

ε

α

β

ACHTERSCHIFF

ι

ψ Tseen Ke

Alsubail

λ

ξ

Naos

π

q

Gum-Nebel

σ

SEGEL

RGW 38

RCW 40

Alsuhail Almuhif

γ

ι

NGC 2547

p

μ

IC 2391

χ

φ

Markeb

κ

δ

τ

SCHIFFSKIEL

NGC 3114

Turais

ι

ε

N

A

Hae Shih

Canopus α

NGC 3572

NGC 3532

α

λ

ι

i

NGC 2516

MALER

α

Tseen She

q

υ

NGC 2808

FLIEGENDER

IC 2602

p

α

β

FISCH

GOLDFISCH

α

IC 2944

β

Miaplacidus

ε

β

η

λ

ω

δ

ε

δ

NGC 4609

ζ

γ

FLIEGE

ι

G

NGC 2070

ε

ϑ

Rund um das Kreuz des Südens

Januar Februar **März** **April** **Mai** **Juni** Juli August September Oktober November Dezember

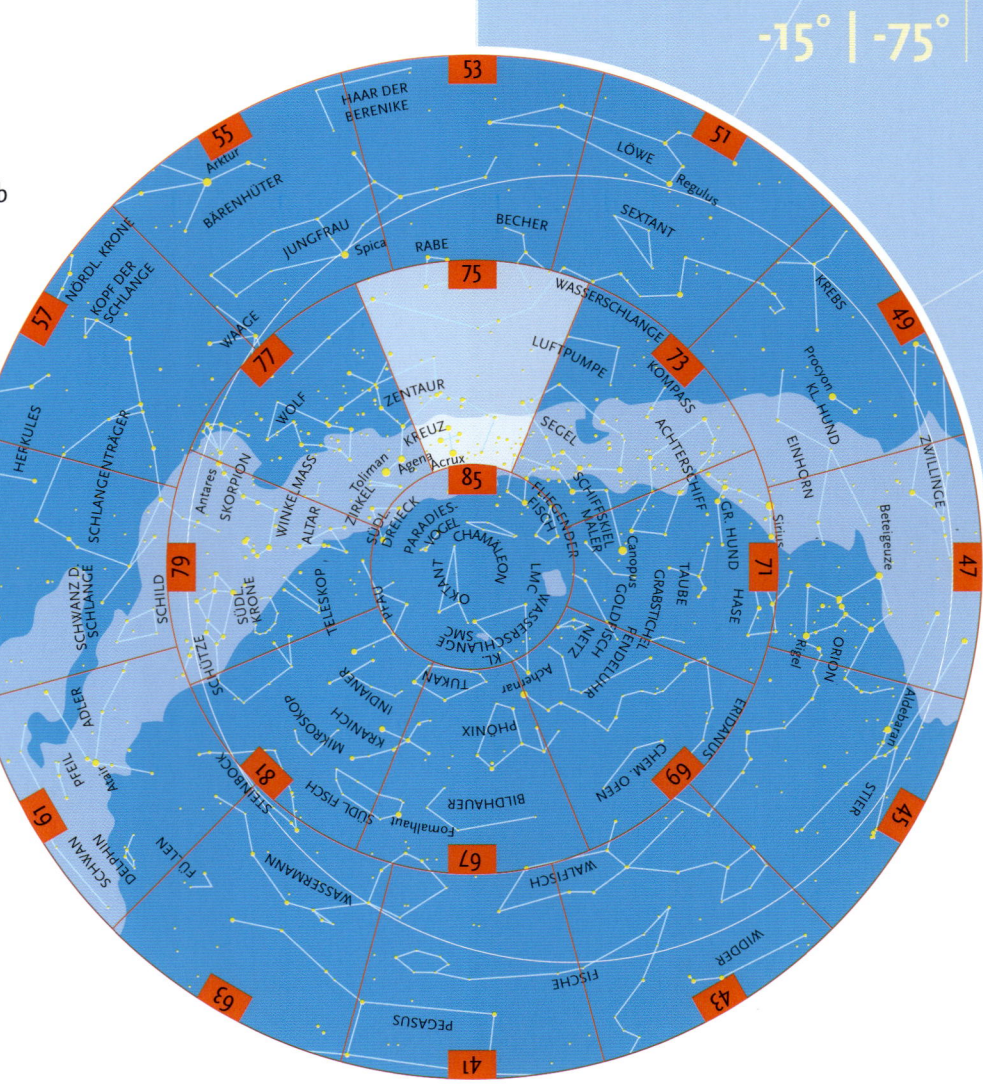

-15° | -75°

Gasnebel NGC 3372

Eingebettet in eine sehr helle und sternreiche Region des Sternbilds Schiffskiel liegt der ungewöhnliche Stern η Car. Edmond Halley beschrieb ihn 1677 noch als Stern 4. Größe. Nach einigen unregelmäßigen Helligkeitsschwankungen erreichte er im Jahr 1827 die 1. Größenklasse und war 16 Jahre später nach Sirius sogar der zweithellste Stern am Himmel. In den darauffolgenden Jahren wurde Eta Carinae rasch schwächer und war über ein Jahrhundert für das bloße Auge unsichtbar. Erst um 1990 herum überschritt er wieder die 6. Größenklasse. Der 10.000 Lichtjahre entfernte Stern ist in den gleichnamigen Emissionsnebel eingebettet, der in Helligkeit und Schönheit dem Orion-Nebel nahe kommt.

Sternhaufen NGC 3114 / NGC 3532

Der Eta-Carinae-Nebel wird von zwei schönen offenen Sternhaufen flankiert. Der 5° westlich gelegene NGC 3114 erscheint etwa so groß wie der Vollmond und enthält ca. 100 Sterne. Deutlich oval erscheint der östlich gelegene NGC 3532. Er erstreckt sich über eine Fläche von 60′ x 30′ und enthält bis zu 400 Sterne.

Sternhaufen IC 2602

Der nur 480 Lichtjahre entfernte offene Sternhaufen ist schon für das bloße Auge ein auffälliges Objekt. De Lacaille, der den Haufen 1751 während einer Südafrika-Expedition entdeckte, verglich ihn mit den Plejaden am Nordhimmel, weshalb IC 2602 auch heute noch „südliche Plejaden" genannt wird.

Kugelsternhaufen NGC 5139 (ω Cen)

Der schönste und hellste Kugelsternhaufen des Himmels erscheint für das bloße Auge wie ein diffuser Stern 4. Größenklasse und wurde daher schon durch Ptolemäus im 2. Jahrhundert als Stern katalogisiert. Bayer übernahm diesen angeblichen Stern im frühen 17. Jahrhundert in seine Uranometria und gab ihm die Katalogbezeichnung Omega Centauri. Im Fernrohr erscheint das 16.000 Lichtjahre entfernte Objekt als funkelndes Juwel mit 30′ Durchmesser.

Galaxie NGC 5128

Eine ungewöhnliche Galaxie befindet sich 4°,5 nordöstlich von ω Cen. Ihr Erscheinungsbild liegt zwischen dem einer elliptischen und einer Spiralgalaxie. Man nimmt an, dass hier eine Kollision zwischen zwei Galaxien stattgefunden hat. NGC 5128 ist eine starke Radioquelle und den Radioastronomen als „Centaurus A" bekannt.

Das Kreuz des Südens ist heute im Fernsehen und in sonstigen Medien eines der am meisten gerühmten Sternbilder. Es steht symbolisch für den Ferientourismus in ferne Länder und ist sogar auf Landesflaggen vertreten. Tatsächlich ist es aber in den typischen Urlaubsgegenden Italiens gar nicht sichtbar, und auf den Kanarischen Inseln erscheint nur selten und unter besonderen Umständen seine Nordspitze. Dieses Sternbild ist eines der südlichsten überhaupt und wurde erst von den christlichen Seefahrern des 17. Jahrhunderts eingeführt; die religiöse Bedeutung liegt daher auf der Hand.

Am Fußpunkt des Kreuzes befindet sich ein riesiger Nebel aus dunkler, interstellarer Materie, der der Erde so nah ist, dass kaum ein Stern zwischen uns und der Dunkelwolke steht. Dort, wo die Milchstraße dem Himmelssüdpol am nächsten kommt, sind ihre leuchtenden Wolken recht hell. Von ihnen prächtig umrahmt, ergibt sich der auffällige Kontrast, der dieser schwarzen Himmelsgegend zu dem Namen Kohlensack verhalf. Mit einer Entfernung von nur 550 Lichtjahren erstreckt sich die 50 Lichtjahre durchmessende Dunkelwolke an unserem Himmel über ein Gebiet von etwa 7° x 5°. Auch der Kohlensack ist dermaßen auffällig, dass er im Laufe der kurzen Geschichte seiner Bekanntheit in Europa mehrere Namen erhielt. Er wurde zwar bereits 1499 von Vespucci und anderen beschrieben, allerdings bezeichnete man ihn später nach einem anderen Seefahrer, z. B. als Macula Magellani, also Magellans Fleck oder sogar als Schwarze Magellansche Wolke.

Während sich die peruanischen Ureinwohner ein Reh vorstellten, das sein Kitz stillt, sahen die australischen Aborigines die Verkörperung alles Bösen: einen Emu, der am Fuße eines Baumes (die Sterne des Kreuzes) dem von ihm verfolgten Opossum auflauert. Andererseits wird manchmal auch der Kohlensack selbst nur als Kopf eines Emus aufgefasst. Das den Himmel umspannende Bild des Laufvogels besteht nicht aus Sternen, sondern ausschließlich aus Dunkelwolken der Milchstraße. Der Hals beginnt östlich der hellen Sterne im Sternbild Zentaur und mündet in den Körper aus Skorpion und Schütze.

Musca, die Fliege, wurde von Bayer Apis (Biene) genannt. Halley machte daraus Musca Apis, und bis ins 19. Jh. taten andere es ihm gleich. Ausgetauscht wurde der Name des Sternbilds im Jahre 1752 von de Lacaille, vermutlich in Analogie zum Nordhimmel. Er nannte nämlich dieses Sternbild Musca Australis, während sich die nördliche Fliege (Musca Borealis) bei ihm an den Widder anschloss.

Zentaur, Wolf und Winkelmaß

Galaxie M 83

Im südlichen Teil der Wasserschlange, nahe der Grenze zum Zentaur, liegt die Spiralgalaxie M 83. Aufgrund ihrer Helligkeit von 8,2 und den ausgeprägten Spiralarmen gehört sie zu den schönsten Galaxien am Himmel. Wegen ihrer südlichen Lage steigt M 83 in Mitteleuropa nie sehr hoch über den Südhorizont. Ihre Entfernung ist nicht genau bekannt; die Literaturwerte schwanken zwischen 10 und 25 Mio. Lichtjahren. M 83 gehört zur selben Gruppe wie die Centaurus-A-Galaxie (s. S. 74).

Sternhaufen NGC 4755

Das „Schmuckkästchen" (engl.: „Jewel Box") ist ein heller offener Haufen um den Stern κ Cru. Mit einem Alter von 7 Mio. Jahren gehört er zu den jüngsten bekannten Sternhaufen. Südlich von NGC 4755 liegt eine als „Kohlensack" bekannte, 600 Lichtjahre entfernte Dunkelwolke, in der man mit dem bloßen Auge lediglich einen einzelnen Stern erkennen kann.

Planetarischer Nebel IC 4406

Ein ungewöhnliches Erscheinungsbild zeigt der Planetarische Nebel IC 4406. Anstelle einer mehr oder weniger runden Gasblase handelt es sich hier um einen durch bipolaren Massenauswurf geformten Zylinder, den wir von der Seite betrachten.

Sternhaufen NGC 6188

Die 4000 Lichtjahre entfernte Region im Sternbild Altar ist eine Mischung aus Emissions- und Reflexionsnebeln sowie ein Geburtsort neuer Sterne. Durch Verdichtung von interstellarem Gas bildete sich die Ara-OB1-Sternassoziation, deren Kern der offene Haufen NGC 6193 ist.

Gasnebel IC 4628

Ein weiteres Sternentstehungsgebiet, die Sco-OB1-Assoziation, finden wir im südlichen Teil des Skorpions. Hierzu gehört auch der Gasnebel IC 4628, um den sich verschiedene offene Sternhaufen scharen, so zum Beispiel H 12 unmittelbar südwestlich des Nebels.

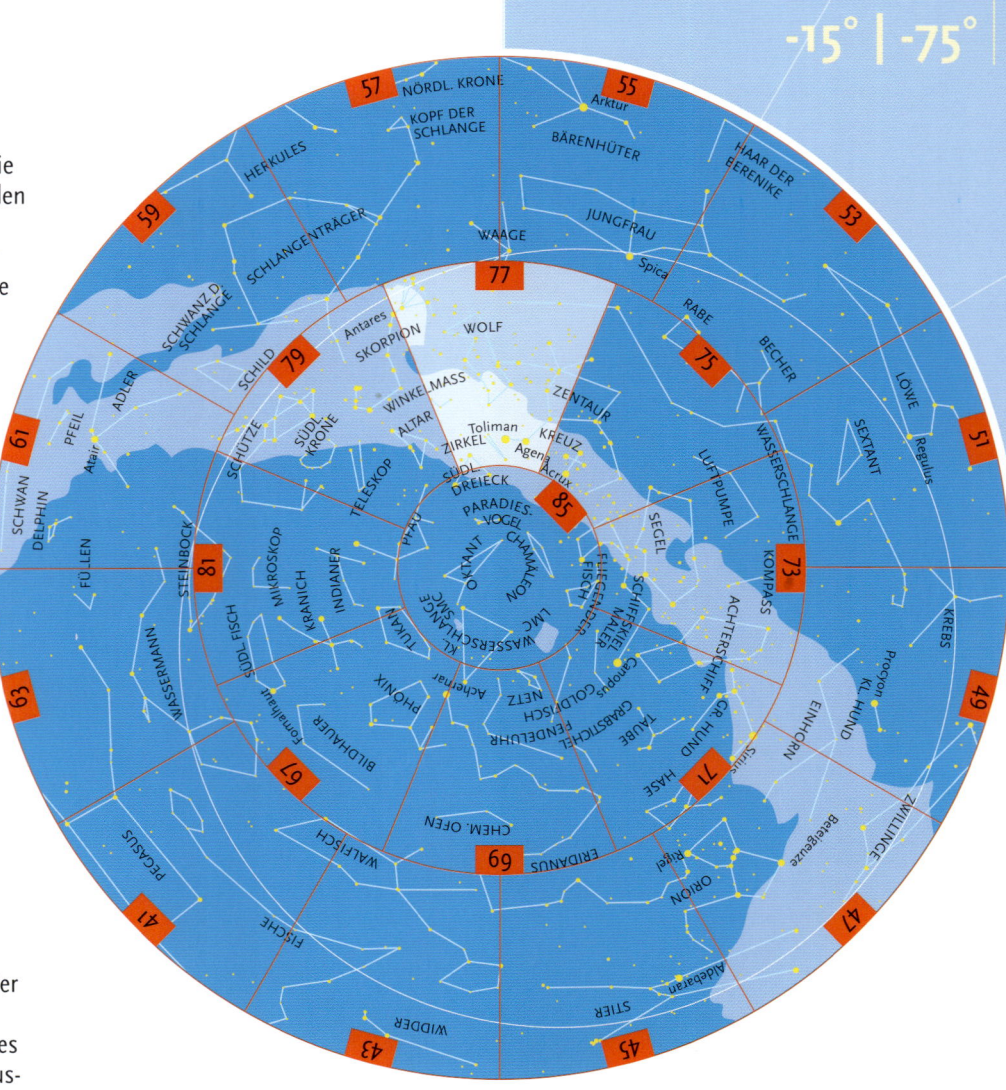

Unser Wolf (Lupus) war für die Araber ein Leopard oder Panther. In Griechenland verkörpert der blutrünstige Wolf eine Mahnung der Götter. Der grausame König Lykaon wurde wegen seines Hochmuts von Zeus verwunschen, weil der Frevler die Götter nicht mehr verehrte. Die Sterne des Wolfs werden mythologisch oft mit denen des Zentauren in Zusammenhang gebracht.

Dieses benachbarte Sternbild ist eines der berühmtesten am Himmel. Die griechische Mythologie berichtet von Lebewesen mit menschlichem Oberkörper auf einem Pferdeleib. Zentauren waren oft sehr ungestüme und wilde Wesen. Jedoch gab es unter ihnen auch den gütigen und weisen Cheiron, der die meisten griechischen Helden und Halbgötter ausbildete. Zum Dank dafür wurde er nach seinem Tod an den Himmel versetzt. Der Stern α ist der Beinstern (Rigil), während β daneben den Boden (Hadar) bedeutet. Andere gebräuchliche Namen haben einen etwas seltsamen Ursprung: Burrit hatte sie eingeführt und dabei die Sternbezeichnungen α und β verwechselt. Bungula für α ist daher ein Kunstwort aus Beta und ungula, der Huf. Agena für β kommt wohl von Alpha und gena, das Knie. Spektakulär in vielerlei Hinsicht ist das Objekt ω Centauri. Unter Amateurastronomen als Augenweide bekannt, beschäftigt dieser große, nahe Kugelsternhaufen auch die Fachastronomie. Im 20. Jh. gab es sogar Debatten, dass er evtl. der kahle Restkern einer Zwerggalaxie sein könnte, der bei mehrfachen Durchgängen durch die Milchstraße „zerzaust" worden ist. Die Idee wurde später allerdings verworfen.

Als Objekt im Halo der Milchstraße wird auch ω Cen Ziel der systematischen Suche nach Mikrogravitationslinsenereignissen, mit denen man nichtleuchtende Materie in Form von intergalaktischen Staubwolken, Schwarzen Löchern und Planeten zu finden hofft. Bei einem solchen Ereignis zeigt ein Hintergrundstern ein charakteristisches Aufleuchten und verrät so die Masse der dunklen Linse im Vordergrund.

Es wird berichtet, dass de Lacaille das Sternbild Norma im Zusammenhang mit dem angrenzenden Zirkel erfand. Im deutschen Sprachraum sind hierfür die Bezeichnungen Lineal und Winkelmaß gleichermaßen gebräuchlich. Der Stern α Normae liegt heute im Sternbild Skorpion. Als im Jahre 1893 hier eine Nova aufleuchtete, wurde sie von Margaret Fleming auf einer Fotoplatte gefunden. Diese Entdeckung führte erneut vor Augen, dass Fotografien des Himmels tatsächlich mehr zeigen, als das menschliche Auge wahrnehmen kann.

Schütze, Teleskop und Altar

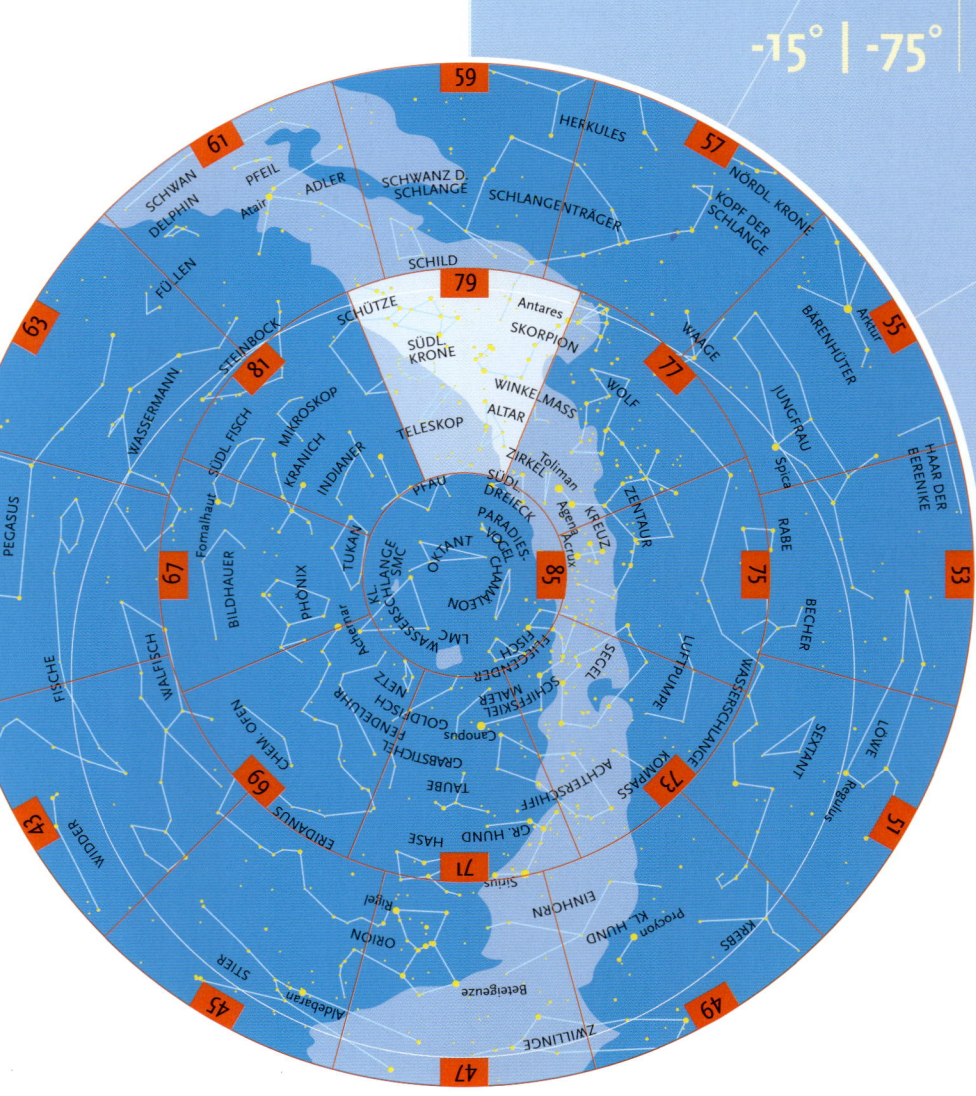

-15° | -75°

Gasnebel M 8

Nur wenige Gasnebel am Himmel sind mit dem bloßen Auge sichtbar. Einer davon ist der Lagunen-Nebel im Schützen. Der innerste Teil dieses Sternentstehungsgebietes besitzt die Form einer Sanduhr und ist im Englischen daher auch unter dem Namen „Hourglass Nebula" bekannt. Auch heute werden in dem ca. 5000 Lichtjahre entfernten Nebelkomplex noch neue Sterne geboren. Hiervon zeugen unter anderem eine Reihe von Dunkelnebeln (sog. Globulen), die sich langsam zu einem Stern verdichten.

Gasnebel M 20

Knapp drei Vollmonddurchmesser nördlich von M 8 liegt ein weiterer sehenswerter Gasnebel, der Trifid-Nebel. Im Unterschied zum Lagunen-Nebel wird der rote Emissionsnebel zusätzlich von einem blauen Reflexionsnebel umhüllt, der besonders im nördlichen Teil auffällig ist. Eingelagerte Dunkelwolken erzeugen die charakteristische „Dreiteilung".

Sternhaufen M 7

In unmittelbarer Nachbarschaft zum „Stachel" des Skorpions liegt das südlichste Objekt des Nebelkatalogs von Charles Messier. Der offene Sternhaufen M 7 zählt etwa 80 Sterne in einem Feld von 1°,3 Durchmesser. Schon mit bloßem Auge erkennt man M 7 als kleines Nebelfleckchen, doch erst im Fernglas offenbart sich die ganze Schönheit dieses Sternhaufens. Ein Weitwinkelfeldstecher zeigt im gleichen Gesichtsfeld auch den 4° nordwestlich gelegenen Haufen M 6.

Gasnebel um NGC 6334

Unweit von M 7 befinden sich zwei Gasnebel mit einer sehr interessanten Gestalt. Insbesondere der südlich gelegene NGC 6334 erinnert von der Form her an den Abdruck einer Katzenpfote, weshalb man NGC 6334 und 6357 oft als Samtpfötchen bezeichnet. Im Unterschied zum Trifid-Nebel (M 20) findet man hier keine Spur eines blauen Reflexionsnebels.

Dunkelwolke B 72

Vom Sternbild Skorpion aus ziehen sich mehrere Dunkelwolken in Form von lang gestreckten Schläuchen in Richtung Osten. Einer dieser Dunkelnebel erinnert an eine Tabakpfeife, aus der Rauch aufsteigt. Am „Ansatzpunkt" des Rauchs liegt der Dunkelnebel B 72, der wegen seiner S-förmigen Gestalt auch als Schlange bekannt ist.

Ara, der Altar, zählt zu den klassischen Sternbildern; vermutlich wurde er von Eudoxos im vierten vorchristlichen Jahrhundert erschaffen. Mittlerweile hat ihn die Präzession zwar ziemlich weit nach Süden verschlagen, aber in klassischer Zeit war das Bild auch in Griechenland mühelos sichtbar. Sobald man versucht, hierin nicht einen christlichen, sondern einen antiken Altar zu entdecken, zählt es eher zu den anschaulichen Bildern. Die aus einer großen Schale auflodernden Flammen wurden zeitweise aber auch als Leuchtfeuer verstanden, von denen das berühmteste wohl der Turm von Alexandria war. In China bilden δ und ζ gemeinsam den Asterismus Tseen Yin, der dunkle Himmel. Mit zunehmender Lichtverschmutzung in jüngerer Zeit ist der Wunsch nach einem solchen wohl einer der stärksten jedes beobachtenden (Amateur-)Astronomen.

Das so genannte Telescopium (Fernrohr) oder auch Tubus Astronomicus (astronomisches Rohr) ist natürlich eines der Sternbilder von de Lacaille. Er füllte jedoch hiermit keine Lücke, sondern „stahl" die zugehörigen Sterne aus benachbarten Bildern.

Eines der prächtigsten Bilder des Himmels ist Sagittarius, der Schütze. Als Tierkreissternbild mit gleichnamigem Zeichen ist er unglaublich populär. Auf ihrer Jahresbahn wandert die Sonne am 18. Dezember in dieses Sternbild und steht dort zur Wintersonnenwende. Aus den hellsten Sternen des Sternbildes, das an unserem Sommerhimmel tief über dem Südhorizont in den hellen Milchstraßenwolken sichtbar ist, formt man leicht ein Teekesselchen: φ,σ, τ und ζ bilden den Henkel, λ ist die Spitze des Deckels und γ der Ausguss. Im angelsächsischen Sprachgebrauch wird der Schütze daher auch als „Teapot" bezeichnet.

Eigentlich verkörpert auch der Schütze, ebenso wie der Zentaur, den weisen Cheiron. Als Schütze spannt er gerade den Bogen, um nach dem Skorpion zu zielen, der den heroischen Jäger Orion tödlich gestochen hatte. Währenddessen wehen vom Haupt des Cheiron zwei prächtige (Sternen-)Bänder. Die Bezeichnungen „Kaus" der Sterne λ, δ und ε bedeuten den Bogen, γ steht an der Pfeilspitze (Alnasl). Ascella (oder Axilla) ist die Achselhöhle, Rukbat das Knie und Alurkub die Ferse.

Der prächtig gefiederte Pfau war schon zu klassischer Zeit der Himmelsgöttin Hera geweiht. Dennoch wurde das Sternbild Pavo (Pfau) erst von Bayer in seiner Uranometria veröffentlicht. Der hellste Stern des Bildes wird auch mit dem englischen Wort für das ganze Sternbild, Peacock, bezeichnet.

Steinbock, Südlicher Fisch und Indianer

-15° | -75°

Sternhaufen M 55

Dieser Kugelsternhaufen erstreckt sich über einen Durchmesser von etwa 19′ (ca. 2/3 des Vollmonddurchmessers) und besitzt anscheinend eine sehr lockere Struktur, die eher an einen offenen Sternhaufen erinnert. Der Eindruck entsteht, da die meisten Mitgliedssterne schwächer als 14. Größenklasse sind und daher erst in größeren Teleskopen sichtbar werden. Nichtsdestotrotz ist M 55 ein lohnendes Feldstecherobjekt.

Sternhaufen M 30

Deutlich stärker konzentriert als M 55 ist der Kugelsternhaufen M 30 im östlichen Teil des Steinbocks. Mit einer Entfernung von 40.000 Lichtjahren ist er fast doppelt so weit entfernt wie M 55.

Galaxie NGC 7213

Die Region um die Sternbilder Südlicher Fisch und Kranich ist arm an hellen „Deep-Sky-Objekten". Die hellste Galaxie im Sternbild Kranich findet man nur 16′ südöstlich von α Gru. Trotz ihrer relativ geringen Helligkeit von 11,8 ist NGC 7213 recht gut im Teleskop zu erkennen, da sich ihr Licht auf einen Durchmesser von nur 1′ konzentriert.

Galaxien NGC 7174 / 7176

Ein sehr enges Paar wechselwirkender Galaxien befindet sich im Sternbild Südlicher Fisch. Man benötigt schon ein mittelgroßes Teleskop, um die beiden Galaxien ab etwa 175facher Vergrößerung trennen zu können. Die östlich gelegene Galaxie NGC 7176 ist heller als ihre Nachbarin NGC 7174 und besitzt einen punktförmigen Kern. Bei mittlerer Vergrößerung erkennt man im selben Gesichtsfeld auch die benachbarten Galaxien NGC 7173 (unmittelbar nördlich) und NGC 7172.

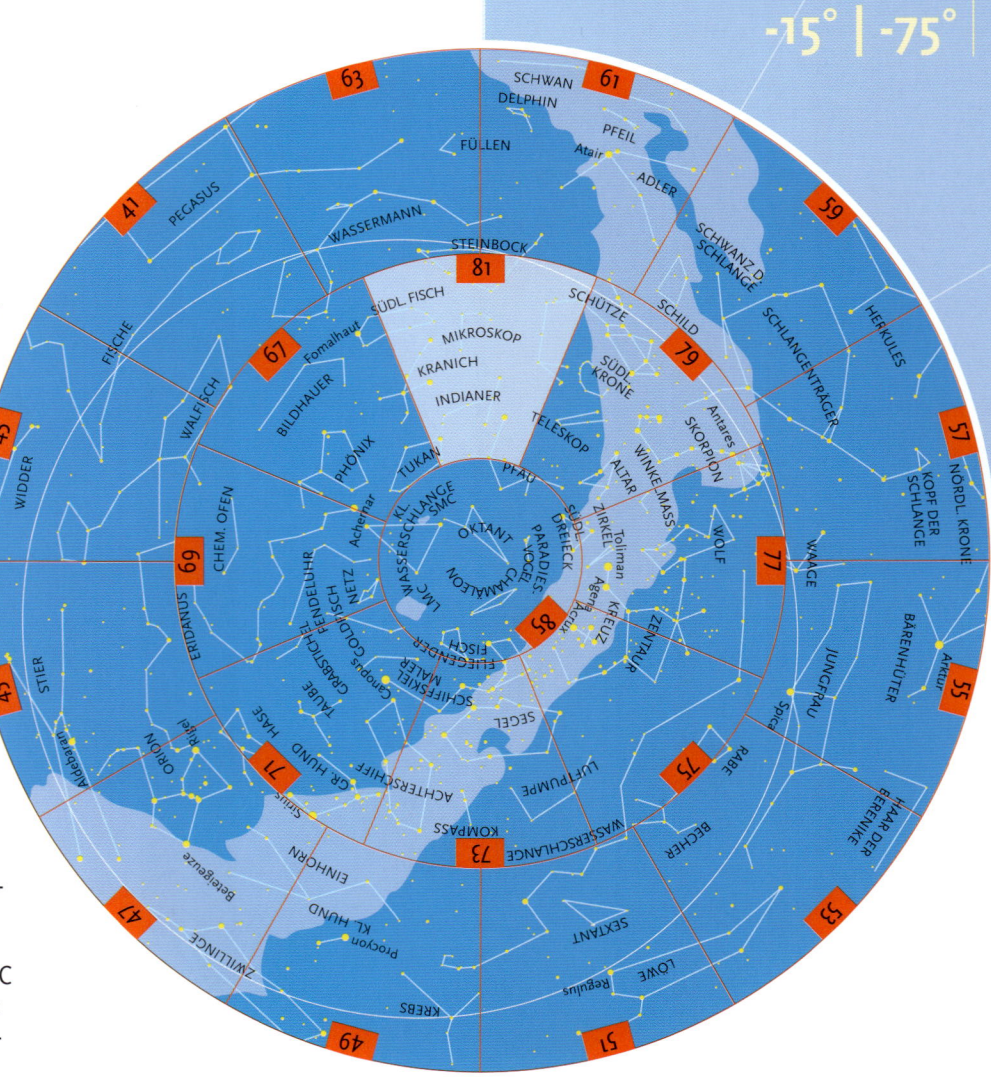

Der Nordteil der Karte wird durch das Sternbild Steinbock dominiert, der auch Ziegenfisch genannt wurde. Am Himmel deutet er möglicherweise darauf hin, dass die Wanderung der Sonne in Richtung Wassermann, also das Wetter hin zur Regenzeit führt. Mythologisch sieht man hier den Waldgott Pan, der während des Kampfes der olympischen Götter gegen die Giganten dem Zeus beistand. Auf der Flucht vor Typhon stürzte sich Pan in einen Fluss, wobei er seinem Oberkörper Ziegengestalt gab, während seine untere Hälfte einen Fischschwanz bekam.

Der Schwanz wird am Himmel durch δ Cap markiert. Jedoch wird der Stern γ manchmal auch Deneb Algedi genannt. Diese Verwechslung geht auf Bayer zurück, denn dieser Stern trägt eigentlich den Namen Nashira, der Glückliche. Algedi, der Ziegenstern, ist ein optischer Doppelstern, d. h. die Sterne haben in Wahrheit nichts miteinander zu tun, sondern stehen nur zufällig in derselben Richtung. Während der eine etwa 1000 Lichtjahre entfernt ist, steht der hellere uns mit 115 Lichtjahren deutlich näher.

Heutzutage tritt die Sonne am 18. Januar in das Sternbild Steinbock. Vor etwa 2000 Jahren geschah dies bereits zur Wintersonnenwende. Der südliche Wendekreis heißt daher auch historisch „Wendekreis des Steinbocks", obgleich die Sonne ihre südlichste Position am Himmel mittlerweile im Schützen einnimmt.

Das Sternbild Südlicher Fisch ist eines der ältesten am Himmel. In Babylon war es vermutlich im Zusammenhang mit Wassermann (Aquarius) und Fischen (Pisces) ein Kalenderzeichen. Der Fisch, der nach griechischer Vorstellung zur Rettung der ertrinkenden ägyptischen Königin Isis beigetragen hat, schnappt in orientalischer Vorstellung nach dem Wasserguss des angrenzenden Aquarius.

Westlich grenzt an den Südlichen Fisch das unscheinbare Sternbild Mikroskop, das de Lacaille vom Südlichen Fisch abgespalten hat. Analog zum Teleskop wollte er vermutlich auch diesem seinerzeit sehr modernen Gerät unter den Sternen ein Denkmal setzten. In der Nähe der Milchstraße gelegen, enthält es zwar sehr viele, allerdings nur recht schwache Sterne. Das Sternbild Indus ist in der deutschen Übersetzung sowohl als Indianer als auch als Inder bekannt. Als Johann Bayer ihn 1603 in seinem Atlas veröffentlichte, gedachte er wohl den „Indianern", den Ureinwohnern Amerikas, die von den europäischen Eroberern unterjocht wurden.

Der Eta-Carinae-Nebel

Der leuchtende Nebel um den Stern Eta Carinae ist eine wahrhaft eindrucksvolle Umrahmung dieses faszinierenden Sterns. Eta Carinae selbst ist zwar derzeit mit dem bloßen Auge kaum sichtbar, aber im 18. Jahrhundert war er zeitweise der zweithellste Stern am ganzen Himmel. Weder die Natur des stark im infraroten Licht strahlenden Sterns noch die des ihn umgebenden Nebels sind bisher richtig aufgeklärt. Vielleicht wird der Stern soeben geboren – er könnte aber auch als langsame Supernova bereits am Ende seines „Lebens" angekommen sein.

Rund um den südlichen Himmelspol

| Januar | Februar | März | April | Mai | Juni | Juli | August | September | Oktober | November | Dezember |

Südpol

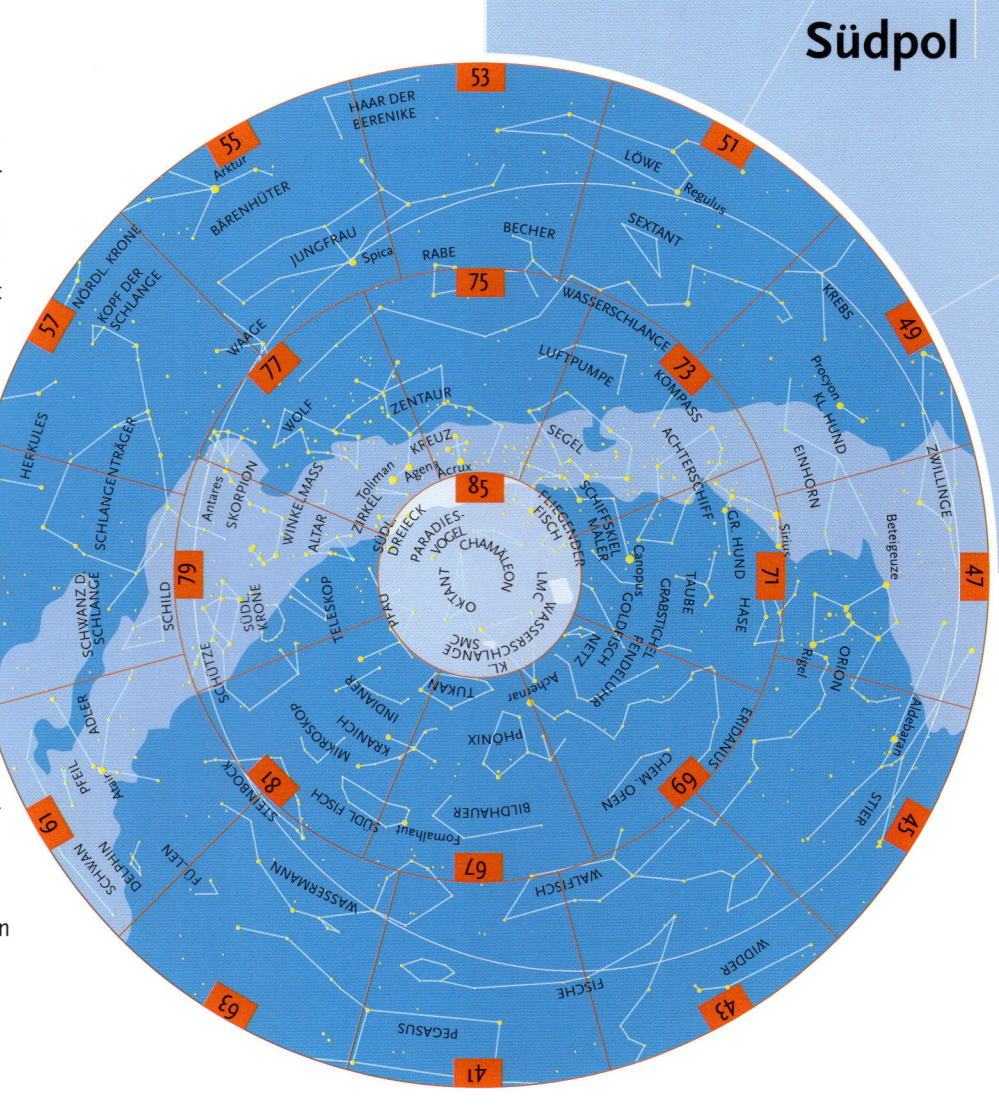

Kleine Magellansche Wolke (SMC)

Im Sternbild Tukan finden wir eine der berühmtesten Galaxien am Himmel. Die 210.000 Lichtjahre entfernte Kleine Magellansche Wolke gehört mit ihrer großen Schwester im Sternbild Goldfisch (s. S. 70) zu unseren nächsten Nachbarn in der Lokalen Gruppe. Die Galaxie enthält zahlreiche Sternhaufen und Gasnebel sowie veränderliche Sterne des Cepheiden-Typs. Anfang des 20. Jahrhunderts entdeckte die Astronomin Henrietta Leavitt einen Zusammenhang zwischen deren Periode und Leuchtkraft. Hieraus lässt sich die Entfernung des Sterns bestimmen. Auch heute noch ist dieses Verfahren die wichtigste Methode zur Messung der Entfernung von Galaxien.

Sternhaufen NGC 104 (47 Tuc)

Unweit der Kleinen Magellanschen Wolke liegt der zweithellste Kugelsternhaufen am Himmel. Wie ω Centauri erhielt auch 47 Tucanae eine Bezeichnung, die eigentlich Einzelsternen vorbehalten ist. Leider steht dieses mit bloßem Auge leicht sichtbare Objekt so weit südlich, dass man in Länder jenseits des Äquators reisen muss, um 47 Tucanae in seiner vollen Schönheit bewundern zu können. Der Durchmesser entspricht fast dem des Vollmonds, so dass der Kugelsternhaufen schon bei mittlerer Vergrößerung im Teleskop das gesamte Gesichtsfeld ausfüllt.

Sternhaufen NGC 362

Ein weiterer Kugelsternhaufen befindet sich in den nördlichen Ausläufern der Kleinen Magellanschen Wolke. Physikalisch hat NGC 362 allerdings nichts mit der Galaxie zu tun; seine Entfernung ist wesentlich geringer. Mit einem Durchmesser von nur 5′ und einer Helligkeit von 6^{m}8 erscheint NGC 362 deutlich kompakter als 47 Tucanae.

Gasnebel IC 2948

Sieben Grad südöstlich des berühmten Eta-Carinae-Nebels (s. S. 74) findet man den ausgedehnten Emissionsnebel IC 2948. Das Zentrum des Nebels, das zusammen mit dem darin eingebetteten Sternhaufen die separate Katalognummer IC 2944 trägt, beherbergt eine Reihe so genannter Bok-Globulen. Diese nach dem holländischen Astronomen Bart Bok benannten Dunkelwolken sind Materiekonzentrationen und damit Vorstufen auf dem Weg der Sternentstehung.

In der Nähe des Himmelssüdpols gibt es im Gegensatz zum Nordpol keinen „Polarstern". Sigma Octantis liegt zwar fast so nah am Pol wie unser Nordstern, doch ist dies mit 5^{m}5 ein so schwaches Sternchen, dass es mit bloßem Auge fast nicht mehr erkennbar ist. Zur Orientierung wird stattdessen die Verbindungslinie aus α und β Cen sowie das Kreuz des Südens verwendet.

Der französische Mathematiker de Lacaille war es, der dem Sternbild Oktant zur allgemeinen Akzeptanz verhalf. Er wollte damit John Hadley (1682–1744), den vermeintlichen Erfinder des Gerätes ehren. Der von ihm so bezeichnete Teilkreis (Oktant = achter Teil) war jedoch im Grunde ein Sextant (sechster Teil des Vollkreises). Abgesehen davon wurde nach Hadleys Tod bekannt, dass dieses Winkelmessgerät gar nicht seine Idee war. Der eigentliche Erfinder war kein geringerer als der große englische Mathematiker, Physiker und Philosoph Sir Isaac Newton (1643–1727).

Um den Pol kreisen die Große und die Kleine Magellansche Wolke. In einer Sage der australischen Aborigines stellen sie das Lager eines alten Ehepaares dar (die große Wolke das des Mannes, die kleine das der Frau), während zwischen ihnen ein Lagerfeuer lodert und ein heller Stern ihre Mahlzeit bildet. Die Große Magellansche Wolke, die sogar von den südlichen arabischen Ländern aus sichtbar ist, trägt dort die Bezeichnung Weißer Ochse.

Die kleine oder männliche Wasserschlange (Hydrus) wurde von dem deutschen Astronomen Johann Bayer erfunden. Das astronomisch bedeutsamste Werk des Rechtsanwalts, die Uranometria, erschien 1603. Hier hatte er etwa 2000 Sterne verzeichnet. Obwohl er die männliche Wasserschlange tatsächlich als gewundene Linie abbildete, neigt man in heutigen Karten dazu, einfach die drei hellsten Sterne β, α und γ als Dreieck zu verbinden.

Ebenfalls auf Bayer gehen die Sternbilder Fliegender Fisch (Volans) und Chamäleon zurück. Die Sterne des Südhimmels hatte er jedoch nie selbst gesehen, und die durch ihn eingeführten Sternbilder entstanden anhand der Berichte von Seefahrern. Da Bayer selbst keine Reisen unternahm, konnte er die exotischen Tiere am Himmel ebenfalls nur nach den Erzählungen zeichnen. Das deutsche Wort für eines der Sternbilder ist Paradiesvogel, das lateinische aber Apus, der Fußlose. Eingeborene haben angeblich den prächtig gefiederten Urwaldvögeln die hässlichen Beine abgeschnitten, um die Vögel besser feilbieten zu können. Daher wurde davon ausgegangen, das Tier habe gar keine Füße.

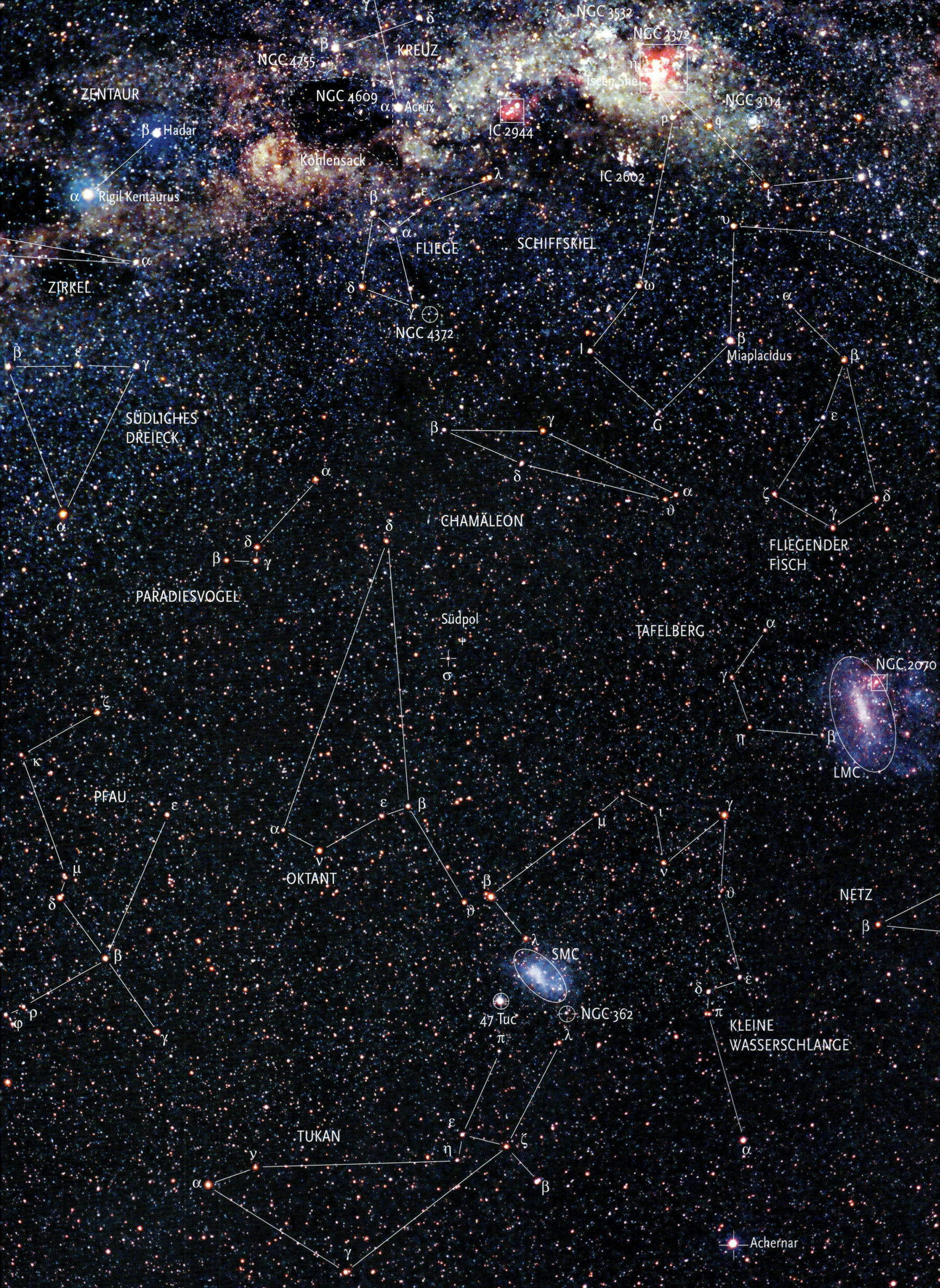

Die Große Magellansche Wolke

In nur 180.000 Lichtjahren Entfernung befindet sich unsere nächste Nachbargalaxie, die Große Magellansche Wolke. Vermutlich hat unsere kleinere Begleiterin vor sehr langer Zeit die Milchstraße durchquert und dabei einen Teil ihrer ursprünglichen Spiralstruktur verloren. Der mit dem bloßen Auge sichtbare Teil beschränkt sich auf den zentralen Balken der Spirale. Auffällig ist auch der rote Tarantelnebel, in dessen Nähe 1987 eine Supernova leuchtete, die mit dem freien Auge erkennbar war.

Himmelsfotografie

Unter freiem Himmel

Der Einstieg in die Astrofotografie erfordert keine umfangreiche Ausrüstung: Schon mit einer Kleinbildkamera, einem Stativ und einem Drahtauslöser kann man eindrucksvolle Ergebnisse erzielen, wie die Strichspuraufnahmen auf Seite 12 und 13 beweisen. Einzige Voraussetzung: Die Kamera muss eine so genannte „B"-Einstellung zulassen, bei der der Verschluss so lange geöffnet bleibt, wie der Auslöseknopf gedrückt wird. Für länger belichtete Aufnahmen ist es aber notwendig, die Kamera der scheinbaren Bewegung der Sterne nachzuführen. Diese Nachführung erscheint auf den ersten Blick sehr kompliziert: Die Sterne gehen im Osten auf, steigen in einem weit geschwungenen Bogen über den Himmel, bis sie (auf der Nordhalbkugel der Erde) im Süden ihren höchsten Punkt erreicht haben. Anschließend

Die Aufnahmeorte: Unten die White Mountain Research Station in der kalifornischen Sierra Nevada, rechts das Cederberg-Observatorium in Südafrika.

sinken sie wieder in Richtung des Westhorizonts. Kompliziert ist diese Bewegung jedoch nur, solange unser Fernrohr „azimutal" montiert, also ähnlich wie die an vielen Aussichtspunkten aufgestellten Geräte um eine horizontale und eine vertikale Achse drehbar ist. Viel einfacher erscheint die Bewegung, wenn wir uns klarmachen, dass es in Wirklichkeit die Erddrehung ist, die die Sterne einmal in $23^h 56^m$ (einem Sterntag) um das Firmament rotieren lässt. Wenn wir nun die eine Achse der Teleskopmontierung genau parallel zur Erdachse ausrichten, müssen wir das Fernrohr nur mit der gleichen Geschwindigkeit – einer Umdrehung pro Sterntag – in die entgegengesetzte Richtung rotieren lassen, damit es immer auf genau die gleiche Stelle am Himmel zeigt. Dies ist das Prinzip der „parallaktischen Montierung" (s. Abb. auf Seite 89 oben).

Bei Weitwinkelaufnahmen wird die Kamera mit ihrem eigenen Objektiv neben das Fernrohr geschraubt; letzteres dient dann als Leitrohr, um Ungenauigkeiten der Nachführung zu korrigieren, bevor diese die Sterne auf dem Film zu Strichen verzerren können. Für Aufnahmen mit längerer Brennweite wird die Kamera in den Brennpunkt des Fernrohrs gesetzt (das Teleskop dient also als Kamera-Objektiv). Zur Nachführung benötigt man

in diesem Fall allerdings ein separates Leitfernrohr oder eine spezielle „Off-Axis-Vorrichtung", mit der man auf einen Stern außerhalb des Gesichtsfelds der Kamera nachführen kann. Viele der Aufnahmen in diesem Buch wurden mit dem nebenstehend abgebildeten Spiegelteleskop (ein 20 cm Newton mit f/4) auf einer Vixen Super Polaris DX-Montierung gewonnen. Ein kleiner Schrittmotor, der von jeder Autobatterie gespeist werden kann, sorgt für die automatische Drehung der Polachse.

Lang belichtete Aufnahmen erfordern einen sehr dunklen Nachthimmel, den man im lichtüberfluteten Mitteleuropa nur selten findet. Die meisten Aufnahmen wurden daher in der kalifornischen Sierra Nevada aufgenommen, wo man in der Nähe des White Mountain Peak mit dem Auto Beobachtungsplätze in Höhen von bis zu 3700 m erreicht. Dort lässt man einen Großteil des Wasserdampfs und Staubs, die durch Lichtstreuung den Nachthimmel aufhellen, unter sich zurück. Die ersten Aufnahmen der Milchstraße entstanden im Sommer 1997; eine weitere Serie folgte im Herbst 1998. Ergänzend dazu wurden auch von Deutschland aus mehrere Fotos des nördlichen Himmels aufgenommen. Im dünn besiedelten südlichen Brandenburg findet man hierzu bei

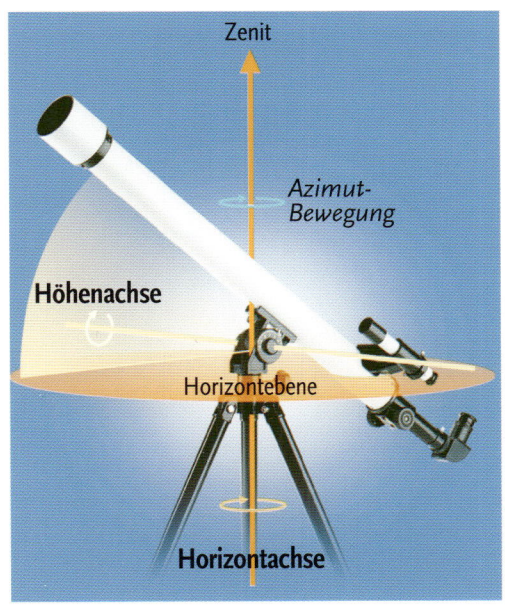

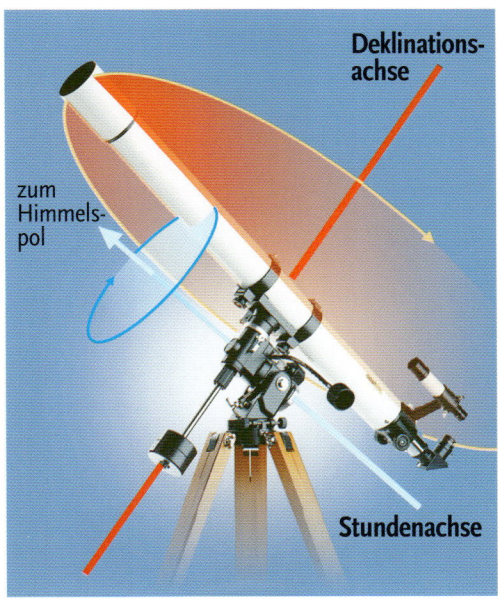

Das Prinzip der azimutalen Montierung, die oft zur Erdbeobachtung verwendet wird.

Astronomische Teleskope besitzen meist eine parallaktische Montierung.

Das Instrument, mit dem die Aufnahmen für die Sternkarten gewonnen wurden.

passender Wetterlage recht gute Bedingungen. Der südliche Teil des Himmels wurde von verschiedenen Standorten in Südafrika fotografiert, so z. B. dem 220 km nördlich von Kapstadt gelegenen Cederberg Observatory, einer um 1986

gegründeten Amateursternwarte. Insgesamt waren 51 Aufnahmen nötig, um eine vollständige Abdeckung des Himmels zu erreichen. Alle Bilder entstanden mit einem 2,8/28-mm-Weitwinkelobjektiv, das zur Verbesserung der Abbildungs-

qualität und zur Verringerung der Vignettierung auf Blende 4 abgeblendet wurde. Als Filmmaterial kamen Kodak PJM-2 und PJ-400 zum Einsatz, die zum Teil vor Ort (oft unter wüstenähnlichen Bedingungen) entwickelt wurden.

Vom Sternhimmel in den Computer

Die Digitale Dunkelkammer

Bis vor kurzem war der Weg von der Kamera zum fertigen Bild noch ein rein chemischer Prozess – der belichtete Film wurde entwickelt und auf Fotopapier vergrößert, welches dann seinerseits chemisch entwickelt werden musste. Seitdem leistungsfähige Computer auch für den Heimgebrauch erschwinglich geworden sind, hat jedoch die digitale Bildbearbeitung in der Astrofotografie Einzug gehalten. Rein digitale Astrokameras basieren auf lichtempfindlichen „Charged Coupled Device"-Halbleiterchips (sog. CCDs). Zum Zeitpunkt der Erstellung des hier zugrundegelegten Himmelspanoramas waren diese noch sehr teuer und erreichten – zumindest im Amateurbereich – noch nicht die Bildfläche eines Kleinbildnegativs. Daher wurde hier das entwickelte Dia oder Negativ mit einem Scanner digitalisiert, um es anschließend im Computer zu bearbeiten. Der wesentliche Vorteil gegenüber dem traditionellen Verfahren liegt in der enormen Fülle an Möglichkeiten, das Bild zu verändern und qualitativ zu verbessern – und das ohne Verbrauch von Chemikalien und Fotopapier. So können beispielsweise Farbstiche und Vignettierung (Randabschattung) korrigiert, aber auch mehrere Bilder zu einem Mosaik zusammengesetzt werden. Bei Weitwinkelaufnahmen stößt man jedoch auf ein Problem: Das Kameraobjektiv bildet einen Ausschnitt der Himmelskugel auf den ebenen Film ab, was zwangsläufig zu Verzerrungen führt. In der Abb. oben ist dies anschaulich dargestellt: Die Winkel σ_1 und σ_2 zwischen den Sternen sind am Himmel gleich groß. Auf dem Film aber haben die Sterne unterschiedliche Abstände S_1 und S_2 voneinander. Je weiter ein Stern von der optischen

Achse entfernt liegt desto stärker macht sich diese Verzerrung bemerkbar. Wie sie sich in der Praxis auswirkt, ist aus den Abb. unten ersichtlich. Der durch das gelbe Rechteck markierte Filmausschnitt befindet sich einmal nahe der Bildmitte, das andere Mal am linken Rand. Bereits ohne Zuhilfenahme eines Lineals erkennt man an den Ausschnittvergrößerungen, dass der Bildmaßstab am Rand ca. 15 % größer ist als in der Bildmitte. Wenn wir versuchen, die beiden benachbarten Aufnahmen zusammenzufügen, werden wir feststellen, dass es unmöglich ist, alle Sterne in dem Überlappgebiet zur Deckung zu bringen.

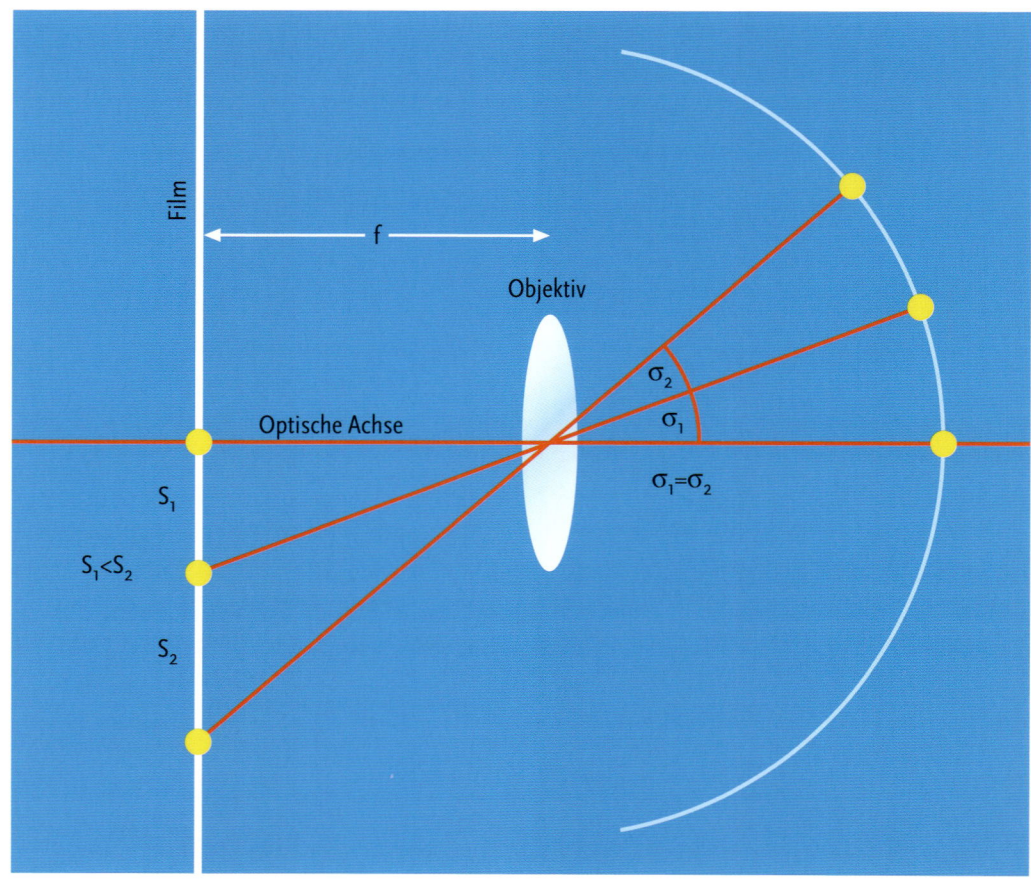

Oben: Abbildung der Himmelskugel auf die Filmebene. Obwohl die drei Sterne am Himmel gleiche Winkelabstände voneinander besitzen, werden sie auf dem Film in unterschiedlichem Abstand voneinander abgebildet.

Unten: Die südliche Milchstraße im Bereich der Sternbilder Carina und Vela. Beide Aufnahmen wurden mit demselben 28 mm-Weitwinkelobjektiv gewonnen. Die Vergrößerungen rund um den offenen Sternhaufen NGC 3114 zeigen deutlich den unterschiedlichen Bildmaßstab in der Mitte bzw. am Bildrand.

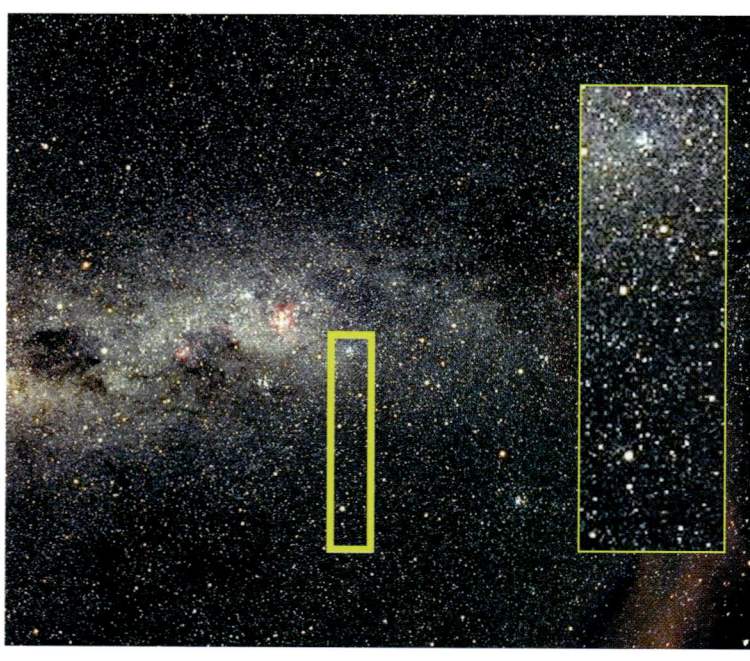

Glücklicherweise bietet die digitale Bildverarbeitung auch hier einen Ausweg. Jede Sternposition am Himmel kann durch die beiden Koordinaten Rektaszension und Deklination eindeutig angegeben werden, ähnlich wie man auf der Erde Orte durch ihren Längen- und Breitengrad bestimmt. Aus der Position eines Sterns am Himmel kann man nun mittels einer mathematischen Beziehung den Ort seines Abbilds auf dem Film berechnen. Auf diese Weise ist es möglich, das Rohbild Punkt für Punkt in ein unverzerrtes Bild umzurechnen. Die hierfür nötige Software wurde speziell für dieses Projekt entwickelt. Die weitere Bildbearbeitung und das Zusammenfügen der Einzelbilder zu einem Mosaik erfolgte mit dem im Internet kostenlos erhältlichen „GNU Image Manipulation Program" (GIMP) sowie dem MIDAS-Programmpaket der Europäischen Südsternwarte ESO unter dem Betriebssystem Linux auf einem PC mit einem 400 MHz Intel Pentium-II-Prozessor und 640 MB Arbeitsspeicher. Für eine fehlerfreie Bildumwandlung muss der Computer die genaue Orientierung der Kamera zum Zeitpunkt der Aufnahme kennen. Hierzu wurden auf dem Foto die Positionen von mindestens 20 gleichmäßig verteilten Referenzsternen gemessen sowie deren Koordinaten einem Katalog entnommen. Viele Sternkartenprogramme haben mittlerweile den PPM-Katalog (Grenzgröße ca. 9^m) oder den Hubble Guide Star-Katalog (bis ca. 15^m) integriert, so dass man die Sternkoordinaten einfach per Mausklick ermitteln kann.

Verarbeitungsschritte

Als Beispiel für die einzelnen Schritte der Bildbearbeitung sei eine Aufnahme der südlichen Milchstraße gezeigt. Zunächst wurde die im Rohbild (Abb. rechts oben) deutlich sichtbare Randabschattung mit einer so genannten unscharfen Maske reduziert. Anschließend wurden Farbbalance und Kontrast optimiert (Abb. rechts Mitte) sowie Staubkörner und kleine Kratzer wegretuschiert. Im digital entzerrten Bild (Abb. rechts unten) erkennt man, wie das rechteckige Original durch die Transformation zu einem tonnenförmigen Ausschnitt verformt wird. Das Ergebnis aller zu einem Gesamtpanorama zusammengesetzten Aufnahmen sehen Sie auf Seite 16-17.

Oben: das digitalisierte Rohbild
Mitte: mit einer unscharfen Maske bearbeitetes, kontrast- und farbkorrigiertes Bild
Unten: das entzerrte Bild, das mit den anderen Aufnahmen zu einem Mosaik des gesamten Himmels kombiniert wurde.

Sternbilder und Himmelsobjekte

Alle Sternbilder des Himmels und wo sie zu finden sind

Abkürzung	Lateinischer Name	Genitiv	Deutscher Name	Seite
And	Andromeda	Andromedae	Andromeda	22
Ant	Antlia	Antliae	Luftpumpe	72, 74
Aps	Apus	Apodis	Paradiesvogel	84
Aqr	Aquarius	Aquarii	Wassermann	40, 62
Aql	Aquila	Aquilae	Adler	60
Ara	Ara	Arae	Altar	78
Ari	Aries	Arietis	Widder	42
Aur	Auriga	Aurigae	Fuhrmann	26
Boo	Bootes	Bootis	Bärenhüter	32
Cae	Caelum	Caeli	Grabstichel	68, 70
Cam	Camelopardalis	Camelopardalis	Giraffe	18
Cnc	Cancer	Cancri	Krebs	48
CVn	Canes Venatici	Canum Venaticorum	Jagdhunde	30
CMa	Canis Major	Canis Majoris	Großer Hund	70
CMi	Canis Minor	Canis Minoris	Kleiner Hund	48
Cap	Capricornus	Capricorni	Steinbock	80
Car	Carina	Carinae	Schiffskiel	72
Cas	Cassiopeia	Cassiopeiae	Kassiopeia	22, 24
Cen	Centaurus	Centauri	Zentaur	76
Cep	Cepheus	Cephei	Kepheus	22, 36
Cet	Cetus	Ceti	Walfisch	42
Cha	Chamaeleon	Chamaeleonis	Chamäleon	84
Cir	Circinus	Circini	Zirkel	76
Col	Columba	Columbae	Taube	70
Com	Coma Berenices	Comae Berenicis	Haar der Berenike	52
CrA	Corona Australis	Coronae Australis	Südliche Krone	78
CrB	Corona Borealis	Coronae Borealis	Nördliche Krone	32, 56
Crv	Corvus	Corvi	Rabe	52
Crt	Crater	Crateris	Becher	52
Cru	Crux	Crucis	Kreuz des Südens	74
Cyg	Cygnus	Cygni	Schwan	36
Del	Delphinus	Delphini	Delphin	60, 62
Dor	Dorado	Doradus	Goldfisch	70
Dra	Draco	Draconis	Drache	34
Equ	Equuleus	Equulei	Füllen	62
Eri	Eridanus	Eridani	Fluss Eridanus	44, 68
For	Fornax	Fornacis	Chemischer Ofen	68
Gem	Gemini	Geminorum	Zwillinge	26
Gru	Grus	Gruis	Kranich	66, 80
Her	Hercules	Herculi	Herkules	34
Hor	Horologium	Horologii	Pendeluhr	68
Hya	Hydra	Hydrae	Wasserschlange	50
Hyi	Hydrus	Hydri	Kleine Wasserschlange	84
Ind	Indus	Indi	Indianer	80
Lac	Lacerta	Lacertae	Eidechse	22, 36
Leo	Leo	Leonis	Löwe	50
LMi	Leo Minor	Leonis Minoris	Kleiner Löwe	28
Lep	Lepus	Leporis	Hase	46
Lib	Libra	Librae	Waage	54, 56
Lup	Lupus	Lupi	Wolf	76
Lyn	Lynx	Lyncis	Luchs	28
Lyr	Lyra	Lyrae	Leier	34
Men	Mensa	Mensae	Tafelberg	70, 84
Mic	Microscopium	Microscopii	Mikroskop	80
Mon	Monoceros	Monocerotis	Einhorn	46
Mus	Musca	Muscae	Fliege	74
Nor	Norma	Normae	Winkelmaß	76
Oct	Octans	Octantis	Oktant	84
Oph	Ophiuchus	Ophiuchi	Schlangenträger	58
Ori	Orion	Orionis	Orion	46
Pav	Pavo	Pavonis	Pfau	84
Peg	Pegasus	Pegasi	Pegasus	40
Per	Perseus	Persei	Perseus	24
Phe	Phoenix	Phoenicis	Phönix	66
Pic	Pictor	Pictoris	Maler	66
Psc	Pisces	Piscis	Fische	40, 42
PsA	Piscis Austrinus	Piscis Austrini	Südlicher Fisch	80
Pup	Puppis	Puppis	Achterschiff	72
Pyx	Pyxis	Pyxidis	Kompass	72
Ret	Reticulum	Reticuli	Netz	68, 84
Sge	Sagitta	Sagittae	Pfeil	60
Sgr	Sagittarius	Sagittarii	Schütze	78
Sco	Scorpius	Scorpii	Skorpion	76, 78
Scl	Sculptor	Sculptoris	Bildhauer	66
Sct	Scutum	Scuti	Schild	58
Ser	Serpens	Serpentis	Schlange	56, 58
Sex	Sextans	Sextantis	Sextant	50
Tau	Taurus	Tauri	Stier	26, 44
Tel	Telescopium	Telescopii	Fernrohr	78
Tri	Triangulum	Trianguli	Dreieck	24
TrA	Triangulum Australe	Trianguli Australis	Südliches Dreieck	84
Tuc	Tucana	Tucanae	Tukan	66
UMa	Ursa Major	Ursae Majoris	Große Bärin	28, 30
UMi	Ursa Minor	Ursae Minoris	Kleine Bärin	18
Vel	Vela	Velorum	Segel des Schiffes	72
Vir	Virgo	Virginis	Jungfrau	54
Vol	Volans	Volantis	Fliegender Fisch	84
Vul	Vulpecula	Vulpeculae	Füchschen	36

Die im Himmelsatlas vorgestellten Sterne, Sternhaufen, Nebel und Galaxien

Objekt	Typ	Eigenname	Seite
α Eri	ST	Achernar	68
α Hya	ST	Alphard	50
α PsA	ST	Fomalhaut	66
β Cyg	ST	Albireo	36
β Per	ST	Algol	24
ε Boo	ST		32
ε Lyr	ST		34
ο Cet	ST	Mira	42
51 Peg	ST		62
B 72	DN		78
Barnards Pfeilstern	ST		58
Ced 214	GN		18
Fornax-Galaxienhaufen	GX		68
Fornax-System	GX		68
Große Magellansche Wolke	GX		70
Gum-Nebel	GN		72
Hyaden	OH		44
IC 405	GN		26
IC 434	GN	Pferdekopf-Nebel	46
IC 1318	GN	Gamma-Cygni-Region	36
IC 1396	GN		22
IC 1805	GN	Herz-Nebel	24
IC 1848	GN		24
IC 2118	GN		44
IC 2177	GN		48
IC 2602	OH	Südliche Plejaden	74
IC 2948	GN		84
IC 4406	PN		76
IC 4604	GN	ρ-Ophiuchi-Nebel	56
IC 4628	GN		76
IC 5067-70	GN	Pelikan-Nebel	36
IC 5146	GN	Cocoon-Nebel	36
Kleine Magellansche Wolke	GX		84
M 1	GN	Krabben-Nebel	46
M 2	KH		62
M 3	KH		54
M 4	KH		56
M 5	KH		56
M 7	OH		78
M 8	GN	Lagunen-Nebel	78
M 10	KH		56
M 11	OH		60
M 12	KH		56
M 13	KH		34
M 14	KH		58
M 15	KH		62
M 16	GN	Adler-Nebel	58
M 17	GN	Omega-Nebel	58
M 20	GN	Trifid-Nebel	78
M 22	KH		58
M 27	PN	Hantel-Nebel	60
M 30	KH		80
M 31	GX	Andromeda-Nebel	22
M 33	GX		22
M 35	OH		26
M 37	OH		26
M 39	OH		36
M 41	OH		70
M 42	GN	Orion-Nebel	46
M 44	OH	Praesepe	48
M 45	OH	Plejaden	44
M 46	OH		48
M 51	GX		30
M 52	OH		22
M 53	KH		54
M 55	KH		80
M 56	KH		34
M 57	PN	Ringnebel	34
M 65	GX		50
M 66	GX		50
M 67	OH		48
M 71	KH		60
M 74	GX		42
M 77	GX		42
M 79	KH		70
M 81	GX		18
M 82	GX		18
M 83	GX		76
M 84	GX		52
M 86	GX		52
M 87	GX		52
M 92	KH		34
M 93	OH		72
M 94	GX		30
M 95	GX		50
M 96	GX		50
M 97	PN	Eulennebel	30
M 101	GX		32
M 104	GX	Sombrero-Galaxie	52
M 105	GX		50
NGC 55	GX		66
NGC 104	KH	47 Tucanae	84
NGC 157	GX		40
NGC 188	OH		18
NGC 246	PN		40
NGC 253	GX	Silberdollar-Galaxie	40
NGC 281	GN		22
NGC 362	KH		84
NGC 869/884	OH	h+χ Per	24
NGC 891	GX		24
NGC 1097	GX		68
NGC 1360	PN		68
NGC 1499	GN	California-Nebel	24
NGC 1514	PN		44
NGC 1560	GX		18
NGC 2024	GN		46
NGC 2070	GN	Tarantel-Nebel	70
NGC 2174/5	GN, OH		26
NGC 2246	GN	Rosetten-Nebel	46
NGC 2392	PN	Eskimo-Nebel	48
NGC 2403	GX		28
NGC 2419	KH		28
NGC 2477	OH		72
NGC 2516	OH		72
NGC 2683	GX		28
NGC 2841	GX		28
NGC 2903	GX		50
NGC 3114	OH		74
NGC 3242	PN		50
NGC 3372	GN	Eta-Carinae-Nebel	74
NGC 3532	OH		74
NGC 3628	GX		50
NGC 4038/39	GX		52
NGC 4244	GX		30
NGC 4565	GX		52
NGC 4631	GX		30
NGC 4656/57	GX		30
NGC 4755	OH	Jewel Box	76
NGC 5128	GX	Centaurus A	74
NGC 5139	KH	ω Centauri	74
NGC 5746	GX		54
NGC 5846	GX		54
NGC 5866	GX	Oft als M 102 identifiziert	32
NGC 5907	GX		32
NGC 6188	GN		76
NGC 6210	PN		56
NGC 6334	GN	Samtpfötchen	78
NGC 6357	GN	Samtpfötchen	78
NGC 6781	PN		60
NGC 6822	GX		60
NGC 6960	GN	Cirrus-Nebel	36
NGC 6992-5	GN	Cirrus-Nebel	36
NGC 7000	GN	Nordamerika-Nebel	36
NGC 7009	GX	Saturn-Nebel	62
NGC 7174	GX		80
NGC 7176	GX		80
NGC 7213	GX		80
NGC 7293	PN	Helix-Nebel	62
NGC 7793	GX		66
NGC 7814	GX		40
NGC 7822	GN		18
RCW 38/40	GN		72
Sculptor-System	GX		66
Sh2-276	GN	Barnards Loop	46

Legende:
KH: Kugelsternhaufen, OH: offener Sternhaufen, GX: Galaxie,
PN: Planetarischer Nebel, ST: Stern, GN: Gasnebel, DN: Dunkelnebel

Glossar

Begriffe mit einem →Pfeil verweisen auf andere Stichworte im Glossar

Aphel
Sonnenfernster Punkt der elliptischen Bahn eines Körpers um die Sonne.

Apogäum
Erdfernster Punkt der elliptischen Bahn eines Körpers um die Erde.

Äquinoktium
Die Tag- und Nachtgleiche. Am 21. März und am 23. September steht die Sonne gleich lange unter und über dem Horizont.

Asteroid
→Planetoid

Azimutale Montierung
Für Landschaftsbetrachtungen an Aussichtspunkten gebräuchliche Aufstellung eines Fernrohrs, bei der das Fernrohr in alle Richtungen um eine horizontale und eine senkrechte Achse gedreht werden kann.

Bedeckungsveränderlicher
Doppelsternsystem, in dem eine Komponente die andere verdecken kann. Durch die Umlaufbewegung der Sterne kommt es zu periodischen Helligkeitsschwankungen.

Blendenzahl
Verhältnis zwischen →Brennweite und Durchmesser eines Kameraobjektivs (oder Teleskops). Bei doppelter Blendenzahl vervierfacht sich die Belichtungszeit. Siehe auch →Öffnungsverhältnis.

Bogenminute (′)
Der 60-ste Teil eines Winkelgrads. Sonne und Mond besitzen einen Winkeldurchmesser von ca. 0,5 bzw. 30′.

Bogensekunde (″)
Der 3600-ste Teil eines Grads und 60-ste Teil einer Bogenminute.

Brennweite
Der Abstand des Brennpunktes vom Objektiv.

Cepheiden-Veränderliche
Sterne, deren Helligkeit periodisch schwankt, weil sie sich selbst (physikalisch) ändern. Sie stehen damit im Gegensatz zu den →Bedeckungsveränderlichen.

CCD
Das „Charged Coupled Device" ist ein lichtempfindlicher Halbleiterchip, der zunehmend die herkömmlichen Filme verdrängt.

Deep-Sky-Objekte
In der Astronomie gebräuchliche, englische Bezeichnung für nicht-sternförmige Objekte am Nachthimmel, also Gasnebel, Sternhaufen und Galaxien.

Deklination
Himmelskoordinate, die den Abstand vom Himmelsäquator in Grad misst. Sie entspricht den Breitenkreisen der Erde und wird nach Norden mit positivem, nach Süden mit negativem Vorzeichen gezählt.

Dopplereffekt
Scheinbare Änderung der Frequenz einer Schall- oder Lichtquelle durch die Bewegung zwischen Sender und Empfänger. Bei Schall ist dies bekannt durch die Tonänderung eines vorbeifahrenden Martinshorns. Bei Licht bewirkt er, dass von uns weglaufende Sterne rot verschoben erscheinen und auf uns zu kommende blau.

Dunkelwolke
Interstellare Staubwolke, die das Licht der dahinter liegenden Sterne verdeckt.

edge-on Galaxie
Englischer Ausdruck für Galaxien, die wir von der Kante als mehr oder weniger schmalen Strich sehen; ein prominentes Beispiel dafür ist NGC 4565 (S. 52).

Ekliptik
Scheinbare Sonnenbahn am Himmel; der jährliche Weg unseres Zentralgestirns, der es durch die berühmten Tierkreisbilder führt.

Emissionsnebel
Gasnebel, die selbst Licht aussenden. Angeregt werden sie z. B. durch das energiereiche UV-Licht umliegender Sterne.

Film
Fotografisches Aufnahmemedium, das aus einem lichtempfindlichem Silbersalz besteht, welches in einer Gelatineschicht auf einen Kunststoffträger aufgebracht wird. Nach der Belichtung wird der Film chemisch entwickelt. Wird zunehmend durch →CCD-Kameras abgelöst.

Fixstern
Selbstleuchtender Himmelskörper; im Gegensatz hierzu werden die →Planeten durch Fixsterne angestrahlt.

Fokus
(lat. für Herd) Brennpunkt einer Linse oder eines Teleskopspiegels; hier wird das Licht eines Sterns gebündelt und kann mit einem →Film oder einer →CCD-Kamera aufgenommen werden.

Galaxie
Allgemeiner Begriff für Sternsysteme ähnlich unserer Milchstraße. Man unterscheidet spiralförmige, elliptische oder irreguläre Galaxien.

Galaxis
Aus dem Griechischen stammende Bezeichnung für unsere Milchstraße.

Gasnebel
Zwischen den Sternen bildet das interstellare Material riesige Wolken. Wenn sie zum Leuchten gebracht werden, treten Gasnebel am Himmel eindrucksvoll in Erscheinung. Siehe auch →Emissionsnebel.

Gravitation
Kraft, die zwischen mehreren Massen anziehend wirkt.

Größenklasse
Astronomische Helligkeitsskala, die auf den Astronomen Ptolemäus zurückgeht. Wird im Allgemeinen durch ein hochgestelltes ^{m} abgekürzt. Je größer der Zahlenwert, umso schwächer erscheint ein Stern. Der hellste Fixstern am Nachthimmel besitzt eine Helligkeit von $-1^m,46$; die schwächsten mit dem bloßen Auge sichtbaren Sterne haben 6. Größenklasse. In einem Fernrohr mit 20 cm Öffnung kann man hingegen schon Sterne bis 14^m erkennen.

Hα-Licht
Rotes Licht, in dem atomare Wasserstoffatome leuchten. Besonders →Gasnebel leuchten oft im Licht der Hα-Linie.

H II
Schreibweise für einfach ionisierten Wasserstoff (chem. Zeichen H).

Halo
Aus dem Griechischen stammende Bezeichnung für „Hof".
1. Eine atmosphärische Erscheinung, die aufgrund von Eiskristallen in der Hochatmosphäre entsteht. Mögliche Effekte sind z. B. farbige Ringe um Sonne oder Mond, weiße Bögen oder so genannte Nebensonnen.
2. Kugelförmiger Raum um eine →Galaxie, in dem sich z. B. die →Kugelsternhaufen befinden.

Helium
Chemisches Element. Da es im 19. Jh. erstmals im Spektrum der Sonne gefunden wurde, leitete man den Namen des „Sonnengases" vom griechischen Sonnengott Helios ab.

Kernfusion
Physikalischer Vorgang, bei dem Atomkerne eines leichteren chemischen Elementes zu denen eines schwereren umgewandelt werden.

Kugelsternhaufen
Ansammlung von Sternen, die so dicht gepackt scheinen, dass sie aus unserer großen Entfernung als kugelförmiges Ganzes in Erscheinung treten. Es gibt einen sphärischen Halo aus solchen Sternhaufen um die Milchstraße und um viele andere Galaxien.

Horizont
Die Linie, bis zu der ein bestimmter Beobachter den Himmel sehen kann. Der Horizont ist also abhängig vom aktuellen Aufenthaltsort.

Lichtjahr
Entfernung, die das Licht in einem Jahr zurück legt: Ein Lichtjahr entspricht 9,46 Billionen Kilometer.

Lokale Gruppe
Galaxiengruppe, deren größte Mitglieder die Andromedagalaxie und unsere Milchstraße sind.

Meridian
Längenkreis auf der Erde. Wird der Meridian, auf dem ein Beobachter steht, an den Himmel projiziert, ergibt sich eine Linie, die den Nordpunkt mit dem Südpunkt verbindet und dabei durch den →Zenit geht.

Messier-Objekte
Erster Katalog von neblig erscheinenden Objekten. Erstellt 1781 von dem Kometenentdecker Charles Messier, um Verwechslungen mit möglicherweise neuen Kometen zu vermeiden. Die 104 ursprünglichen Objekte wurden später um sechs weitere ergänzt.

Meteor
Eine Sternschnuppe, also ein leuchtender Luftkanal, verursacht durch einen →Meteoroid.

Meteorstrom
Erhöhtes Auftreten von Meteoren an bestimmten Tagen, an denen die Erde durch Staubwolken fliegt, die von Kometen hinterlassen wurden.

Meteorit
Auf die Erde einschlagendes, nicht vollständig verglühtes Reststück eines →Meteoroids.

Meteoroid
Kleinstkörper des Sonnensystems, Staubteilchen aus Kometen oder noch aus Urzeiten und auch größere Teilchen, solange sie kleiner sind als ein →Planetoid.

Montierung
Das Bindeglied zwischen dem Teleskop und dem Stativ. Man unterscheidet zwischen →azimutalen und →parallaktischen Montierungen.

Nadir
Der (unsichtbare) Punkt der scheinbaren Himmelskugel, der sich genau unter dem Beobachter befindet.

Nebelfilter
Spezialfilter, das nur das Licht von →Emissionsnebeln in einem schmalen Wellenlängenbereich durchlässt. Durch das Herausfiltern von irdischem Streulicht sieht man den Nebel mit stark erhöhtem Kontrast.

Neutronenstern
Eines der Endstadien der Sternentwicklung. Ein sehr großer Stern fällt nach einer Supernova-Explosion zu

einer etwa 20 km großen Kugel zusammen. In ihr ist das Material so dicht gepackt, dass Protonen und Elektronen verschmelzen und nur noch Neutronen existieren können (→Pulsar).

NGC-Objekte
Der 1888 erschienene New General Catalogue (of Nebulae and Clusters of Stars) spiegelt J. Dreyers Bestreben wider, den Messier-Katalog zu erweitern. Dieser 7840 Objekte umfassende Katalog wurde später durch den Index Catalogue (IC) ergänzt.

Objektiv
Bauteil eines optischen Gerätes, auf das das einfallende Licht zuerst trifft. Beim Fernrohr kann das Objektiv entweder eine Linse (→Refraktor) oder ein Spiegel (→Reflektor) sein.

Öffnungsverhältnis
Verhältnis zwischen Durchmesser und →Brennweite eines Fernrohrs. Je kürzer die Brennweite im Verhältnis zum Durchmesser ist, umso kürzer wird die Belichtungszeit für ausgedehnte Objekte. Der Kehrwert wird auch →Blendenzahl genannt.

Offener Sternhaufen
Im Gegensatz zu →Kugelsternhaufen deutlich lockerere Sternverteilung. Offene Sternhaufen befinden sich in der Milchstraße. Die Zusammengehörigkeit der Sterne eines solchen Haufen lässt sich durch ihre gemeinsame Bewegung feststellen; die Radialgeschwindigkeiten ergeben einen gemeinsamen Fluchtpunkt.

Okular
Das Augenstück eines optischen Gerätes. Es besteht aus einer „Lupe" zur Betrachtung des vorher durch das →Objektiv (und möglicherweise einer Sekundäroptik) erzeugten Bildes.

Parallaktische Montierung
→Montierung, die um eine Achse parallel zur Erdachse drehbar ist. Dies erleichtert im Vergleich zur →azimutalen Montierung die Nachführbewegung.

Parsec
Enfernungseinheit, die von Fachastronomen anstelle des →Lichtjahrs verwendet wird. Ein Parsec (pc) ist definiert als genau die Entfernung, aus der der Abstand Sonne – Erde unter einem Winkel von einer →Bogensekunde erscheint und entspricht 3,26 Lichtjahren.

Perigäum
Erdnächster Punkt eines Orbits um die Erde, z. B. eines Satelliten oder des Mondes.

Perihel
Sonnennächster Punkt eines Orbits um die Sonne, also z. B. von Planeten, Planetoiden oder Kometen.

Planet
Himmelskörper, der einen →Fixstern umkreist. Planeten leuchten nicht selbst, sondern reflektieren lediglich das Licht des Zentralgestirns. Neben den acht Planeten unseres Sonnensystems sind zur Zeit mehrere Dutzend Planeten um andere Sterne bekannt. Die Bezeichnung leitet sich ab vom griechischen Wort für Wanderer, da diese Körper sich dadurch bemerkbar machen, dass sie sich vor dem Hintergrund der festen Sternbilder durch den →Zodiak bewegen.

Planetarischer Nebel
Von einem sterbenden Stern abgestoßene Gashülle, die durch die Strahlung des Reststerns zum Leuchten angeregt wird. Der Name entstand, da diese Objekte in den relativ kleinen Fernrohren des 18. Jahrhunderts dem neu entdeckten Planeten Uranus ähnelten.

Planetoid
Kleiner Planet, wegen seines Anblicks im kleinen Fernrohr auch Asteroid (kleiner Stern) genannt. Es handelt

sich um Körper des Sonnensystems, die meist kartoffelförmig sind, also nicht die sonst bei Planeten übliche Kugelgestalt aufweisen.

Pol
Punkt in einem Koordinatensystem, der 90° entfernt von dem Großkreis liegt, der die Grundebene markiert. Eine Kugel hat also immer zwei Pole; ist z. B. der Äquator die Grundebene, dann markieren Nord- und Südpol die Rotationsachse. Analoges gilt für die Ekliptik oder die Milchstraße.

Pulsar
Kosmische Radioquelle. Neutronensterne strahlen längs einer bestimmten Achse besonders viel Licht ab. Durch ihre schnelle Rotation überstreift der so fokussierte Lichtkegel nur einen bestimmten Kreis. Wenn die Erde genau in dieser Richtung liegt, sehen wir den Stern wie einen Leuchtturm regelmäßig aufleuchten.

Quasar
Kunstwort für quasi-stellares Objekt, das ursprünglich aus der Radioastronomie stammt. Es handelt sich dabei um sehr weit entfernte Galaxien, die aber sehr stark strahlen. Sie sind für uns meist nur als stellares, also sternförmiges Objekt sichtbar.

Radiant
Der scheinbare Ursprungspunkt am Himmel, von dem alle Meteore (Sternschnuppen) eines bestimmten →Meteorstroms ausgehen.

Reflektor
Spiegelteleskop, das das eintreffende Licht mit einem Spiegel bündelt. Der weitere Strahlengang ist vom genauen Typ abhängig, üblich ist zumindest ein zweiter Hilfsspiegel.

Reflexionsnebel
Gasnebel, die nicht selbst leuchten, sondern das Licht nahegelegener Sterne in unsere Richtung streuen. Diese Nebel erscheinen dann meist blau, wie z. B. bei den Plejaden.

Refraktor
Linsenfernrohr, das das eintreffende Licht mit einer Linse bündelt. Das im Brennpunkt entstehende Bildchen wird durch das →Okular betrachtet.

Rektaszension
Himmelskoordinate, die den Abstand vom Frühlingspunkt aus angibt. Sie entspricht den Längenkreisen auf der Erde und wird im Zeitmaß (Stunden, Minuten, Sekunden) nach Osten gemessen.

Satellit
Ein Körper, der einen anderen umkreist (auch der Mond ist ein Satellit der Erde).

Scanner
Ein Gerät zur Digitalisierung von Bildvorlagen, um die Bilder anschließend im Computer bearbeiten zu können. Am bekanntesten sind Flachbettscanner zur Verarbeitung von Papiervorlagen. Es gibt jedoch auch spezielle Filmscanner, die ein Negativ oder Dia mit hoher Auflösung abtasten.

Schwarzes Loch
Endstadium der Entwicklung massereicher Sterne. Aus dem Inneren eines Schwarzen Lochs kann keine Information (z. B. in Form von Licht oder Radiowellen) nach außen gelangen; allerdings verrät das Schwarze Loch seine Anwesenheit durch die enorme Gravitationskraft.

Solstitium
Sonnenwende. Am 21. Juni hat die Sonne bei uns ihre größte Mittagshöhe, ab dem nördlichen Polarkreis geht sie als Mitternachtssonne niemals unter. Etwa um den 21. Dezember hat sie ihre kleinste Mittagshöhe bei uns erreicht; sie geht am frühesten unter und spätesten auf.

Spektraltyp
Aus dem →Spektrum gewonnene Klassifizierung eines Sterns. Die Farbe des Sterns weist auf seine Oberflächentemperatur hin. Die entsprechenden Typen von Spektren werden mit Großbuchstaben bezeichnet, die sich nach der zugehörigen Temperatur in eine Reihenfolge bringen lassen: O-B-A-F-G-K-M. Links stehen dabei die heißesten, blau leuchtenden O-Sterne. Unsere Sonne ist ein gelber G-Stern, und am rechten Ende der Spektraltypen befinden sich kühle, rote M-Sterne.

Spektrum
Ein „Regenbogen" aus allen Farben des weißen Lichts. Fächert man weißes Licht auf (z. B. mit einem Prisma), dann zeigt sich, dass es sich dabei um ein Gemisch aller Farben handelt, aus denen z. B. der Astrophysiker sein Wissen über die Sterne herausliest.

Spiralarm
Ein Teil der Milchstraße. Unsere Heimatgalaxie weist Spiralstruktur auf, d. h. neben den etwas dichteren Gebieten, in denen auch junge Sterne im interstellaren Medium entstehen, gibt es auch eher etwas leerere Gebiete. Die dichteren und sternreichen Gebiete sind die Arme der Spiralgalaxie, wie man sie auch von vielen anderen Galaxien her kennt.

Sterntag
Die Zeit, in der sich die Erde um genau 360° dreht. Ein Sterntag dauert $23^h 56^m 04^s091$ und ist damit um knapp 4 Minuten kürzer als ein Sonnentag (= mittlere Zeit zwischen zwei aufeinander folgenden Mittagen). Die Sonne hinkt den Sternen also jeden Tag scheinbar um ca. 4 Minuten nach.

Supernova
Heftige Explosion am Lebensende eines massereichen Sterns, die durch den plötzlichen Kollaps des Kerns entsteht. Für wenige Tage können diese Sterne ebenso hell leuchten wie eine ganze Galaxie. Als Überrest bleibt ein →Neutronenstern oder ein →Schwarzes Loch zurück.

Trabant
→Satellit

Unscharfe Maske
Fotografische Methode, mit der man auf Bildern großräumige Helligkeitskontraste abmildert.

Vignettierung
Randabschattung einer Aufnahme, die sich durch abgedunkelte Bildecken bemerkbar macht. Verringern kann man die Vignettierung durch Abblenden des Objektivs.

Wasserstoff
Einfachstes chemisches Element, das im Weltall obendrein das häufigste ist.

Wechselwirkende Galaxien
→Galaxien, die sich durch ihre gegenseitige Anziehungskraft beeinflussen. Neben der Verformung von →Spiralarmen kommt es häufig zu einer drastisch gesteigerten Entstehung neuer Sterne.

Zenit
Der Punkt am Himmel, der sich genau über dem Beobachter befindet; jeder Mensch auf der Erde hat also seinen ganz eigenen Zenit.

Zirkumpolar
Sterne, die so nah am Himmelspol stehen, dass sie niemals auf- oder untergehen. Für einen Beobachtungsort der geografischen Breite φ sind alle Sterne mit einer Deklination größer als 90°- IφI zirkumpolar.

Zodiak(us)
Teilweise gebräuchliche Bezeichnung für den Tierkreis, also die Sternbilder, durch die sich Sonne, Mond und die Planeten bewegen.

Service

Literaturtipps

- Richard Hinckley Allen: *Star Names – Their Lore and Meaning*,
  Dover Publications, New York, 1963
- Angel Bonov: *Sternbilder Sternsagen*
  Urania Verlag, Leipzig, 1986
- Robert Burnham Jr.: *Burnhams Celestial Handbook*
  Dover Publications, New York, 1978
- Erich Karkoschka: *Atlas für Himmelsbeobachter*
  Kosmos Verlag, Stuttgart, 2004
- George Robert Kepple, Glen W. Sanner: *The Night Sky Observers Guide*
  Willmann-Bell Inc., Richmond, 1998
- Axel Mellinger: *Die Milchstraße im Computer*
  Sterne und Weltraum 2-3/2000
- Günther D. Roth: *Handbuch für Sternfreunde*
  Springer Verlag, Heidelberg, 1998
- Antonin Rükl: *Bildatlas des Weltraums*
  Bechtermünz Verlag, Augsburg, 1996
- Stefan Seip: *Astrofotografie digital*
  Kosmos Verlag, Stuttgart, 2006
- Wil Tirion: *Sky Atlas 2000.0*
  Sky Publishing Corp., Cambridge, 1999

Astronomie im Internet

- Axel Mellinger: *Das Milchstraßen-Panorama*
  http://home.arcor-online.de/axel.mellinger
- Jerry Lodriguss: *Catching the Light*
  http://www.astropix.com
- Europäische Südsternwarte ESO
  http://www.eso.org
- Das Hubble-Weltraumteleskop
  http://www.stsci.edu
- Space Telescope Science Institute: *Digitized Sky Survey*
  http://archive.stsci.edu/dss
- Hartmut Frommert, Christine Kronberg: *The Messier Catalog*
  http://www.seds.org/messier

Impressum

Umschlaggestaltung von eStudio Calamar unter Verwendung einer Farbaufnahme der Umgebung des Sternhaufens NGC 2467, © European Southern Observatory (ESO)

Mit 140 Farbfotos (siehe Bildnachweis rechts), 32 farbigen Sternkarten und 40 Illustrationen von Gerhard Weiland, Köln

Unser gesamtes lieferbares Programm und viele weitere Informationen zu unseren Büchern, Spielen, Experimentierkästen, DVDs, Autoren und Aktivitäten finden Sie unter **www.kosmos.de**

Gedruckt auf chlorfrei gebleichtem Papier

© 2002, 2008, Franckh-Kosmos Verlags-GmbH & Co., Stuttgart
Alle Rechte vorbehalten
ISBN 978-3-440-11286-1
Redaktion: Sven Melchert, Justina Engelmann
Produktion: Siegfried Fischer
Printed in Italy / Imprimé en Italie

Bildnachweis

Soweit nicht anders angegeben, stammen alle Aufnahmen von Axel Mellinger

Bildagentur astrofoto: S. 20/21 Andromeda-Galaxie, © David Malin/Caltech

Digitized Sky Survey / STScI: S. 18 (M 82, NGC 188, NGC 1560), S. 28 (alle), S. 30 (M 94), S. 32 (NGC 5866, NGC 5907), S. 34 (M 13, M 92, M 56), S. 40 (NGC 157, NGC 7814), S. 42 (M 74, M 77), S. 44 (NGC 1514), S. 48 (M 67), S. 50 (M 95, NGC 3242), S. 52 (M 87), S. 54 (alle), S. 56 (M 5, M 10, NGC 6210), S. 58 (M 22, M 14), S. 60 (M 71), S. 62 (M 2, NGC 7009, M 15), S. 66 (NGC 7793, Sculptor-System), S. 68 (Fornax-System, NGC 1097, NGC 1360), S. 70 (M 41, M 79), S. 72 (M 93, NGC 2477), S. 76 (IC 4406), S. 78 (M 22), S. 80 (alle), S. 84 (NGC 362)

Mark Emmerich / Sven Melchert: S. 22 (M 31), S. 24 (h/χ Per, NGC 891, M 76), S. 30 (M 51), S. 32 (M 101), S. 34 (M 57), S. 36 (NGC 6960), S. 46 (M 1, Rosetten-Nebel), S. 48 (M 44), S. 50 (NGC 2903), S. 58 (M 17), S. 60 (M 11, M 27), S. 62 (NGC 7293), S. 78 (M 20)

Europäische Südsternwarte ESO: Titelbild Umgebung des Sternhaufens NGC 2467, S. 52 (M 104), S. 68 (NGC 1365), S. 74 (NGC 5128), S. 76 (M 83)

Detlef Hartmann: S. 30 (M 97), S. 40 (NGC 246), S. 52 (NGC 4038/39), S. 60 (NGC 6781)

Hubble-Weltraumteleskop / STScI / NASA: S. 48 (NGC 2392), S. 58 (M 16)